农业信息化建设
与数字化转型研究

向模军　刘廷敏　著

学苑出版社

图书在版编目（CIP）数据

农业信息化建设与数字化转型研究 / 向模军，刘廷敏著． — 北京：学苑出版社，2023.9
ISBN 978-7-5077-6770-4

Ⅰ．①农… Ⅱ．①向… ②刘… Ⅲ．①农业—信息化—研究—中国②农业—数字化—研究—中国 Ⅳ．①S126-39

中国国家版本馆 CIP 数据核字（2023）第 191961 号

责任编辑：乔素娟
出版发行：学苑出版社
社　　　址：北京市丰台区南方庄 2 号院 1 号楼
邮政编码：100079
网　　　址：www.book001.com
电子邮箱：xueyuanpress@163.com
联系电话：010-67601101（销售部）、010-67603091（总编室）
印　刷　厂：河北赛文印刷有限公司
开本尺寸：710 mm × 1000 mm　1 / 16
印　　　张：11.5
字　　　数：230 千字
版　　　次：2023 年 9 月第 1 版
印　　　次：2023 年 9 月第 1 次印刷
定　　　价：60.00 元

作者简介

向模军，男，1974年出生，四川江油人，中国民主同盟盟员，硕士，副教授。从事农业数智化、教育信息化等方面研究，主持各级科研、教改项目30余项，发表论文近50篇，主编教材4部，出版专著1部，授权专利14项，登记软件著作权8项；曾荣获全国电子信息行业新技术应用职业技能竞赛一等奖等荣誉。

刘廷敏，女，1981年出生，硕士，讲师，研究方向：农业物联网。主研四川省科技计划项目等科研项目8项，成都市教育科研项目等教改项目11项；发表论文12篇（中文核心2篇），主编教材3本，出版专著1部，授权专利8个（发明1个），登记软件著作权2项。

前　　言

随着全球人口的不断增长和资源的日益紧缺，农业生产的效率和质量成为重要的课题。而农业信息化建设和数字化转型正是以现代信息技术为支撑，推动农业迈向智能化、高效化的关键。因此，深入研究和探讨农业信息化建设和数字化转型的重要问题，对于农业的发展具有重要意义。

推进农业信息化是新形势下中国新农村建设的根本要求。信息是当今经济发展、社会进步的重要资源和条件，是各级政府部门决策的重要依据。农业信息化建设有利于推动农业转型、优化农业结构、发展农村经济、提高农民素质并完善农业管理，在很大程度上有助于国民经济的发展。虽然中国农业信息化建设起步较晚，但发展较快。特别是近十年来，农业信息化建设取得了长足发展，成为支撑农业农村经济发展的重要推动力，在促进农业增效、农民增收、推动新农村建设中发挥着越来越重要的作用。

本书将围绕农业信息化的建设和数字化转型进行探讨。对农业信息化的概念和特点进行介绍。通过分析农业信息化的内涵和外延，了解其在农业生产、管理和服务中发挥的作用。同时，还将介绍农业数字化转型的定义和目标，探讨农业数字化转型与农业信息化建设的关系；通过探讨数字技术在农业生产中的应用，如物联网、云计算、大数据分析等，了解数字化转型对农业生产、管理和服务的影响。同时，还将介绍数字化转型在推动农业可持续发展方面的作用和意义；通过分析趋势和发展预测，了解农业信息化建设和数字化转型在未来的重要性和发展方向。同时，还将提出相关建议和对策，推动农业信息化建设和数字化转型的进一步推进；通过介绍国内外农业信息化建设的成功经验和典型案例，了解农业信息化建设的发展现状和取得的成果。同时，还将分析农业信息化建设面临的挑战和问题，探讨解决方法和路径。

本书旨在为农业从业者、科研人员以及政策制定者提供一本全面系统的参考书籍，以促进农业信息化和数字化转型的实践和推广。同时，我们也希望本书能够激发更多的研究者对农业信息化建设和数字化转型的兴趣，推动农业科技的创新和进步，为农业的繁荣和可持续发展做出更大的贡献。

在撰写本书的过程中，笔者借鉴了国内外很多相关的研究成果以及著作、期刊、论文等，在此对相关学者、专家表示诚挚的感谢。

由于笔者水平有限，书中有一些内容还有待进一步深入研究和论证，在此恳切地希望各位同行专家和读者朋友予以斧正。

向模军

2023 年 8 月

目　　录

第一章　绪论

随着大数据时代的到来，信息化技术对各行各业的发展产生了较大的影响，在现阶段农业发展的过程中，传统的管理模式已不能适应现代农业的发展需求，农业信息化建设是保障农业发展与时俱进的重要途径。

第一节　信息与农业信息

一、信息

人们常说知识就是财富，知识就是一种特定的信息。大众的信息人人皆知，难有创造财富的机会，而特定的信息如果运用得当，就能够在某个领域中创造出惊人的财富。尤其是在如今的信息爆炸、日新月异的时代之中，对于信息的掌握无疑至关重要。如果想要取得成功，那么事先充分了解该行业的各种信息、掌握信息资源是第一步，也是最重要的一步。

信息有着其本身的属性，包括物理属性和经济属性。信息本身是没有不对称性的，只是人为地加上了这个属性，即信息在传播的过程中出现了偏差，导致双方信息的不对称。其主要表现在以下两个方面。

第一，经济成本的差异。在市场上，信息是最为宝贵和难得的一种资源，不同交易主体在市场中收集、传递信息的途径、付出的代价也有所不同。

第二，信息的传递具有时间和空间的限制。当事者需要特定的信息来创造财富，但是信息是瞬息万变的，如果不能够及时地将信息传递到当事者手上，那么信息就将失去它本身的经济价值，当事者也会遭受损失。更何况如今的信息时代，信息的变更日新月异，这就体现了信息的时效性。空间的限制在网络时代相对较小，但也有一定的阻碍。所以，信息的时空性在交易市场显得尤为重要。

二、农业信息

农业信息是指农业的信息化进程，包含所有与农业领域相关的信息。农业信息是指有利于农业发展的知识或信号，可以增加主体的效用，如农民、涉农企业、行业或政府，或指能够推动主体发展的有价值的知识或符号，像劳动、土地生产要素以及资本，都可作为有价值的农业信息。

农业信息作为农业生产资源要素具有稀缺性、有限性；信息掌握在部分人手里，为保持信息的独享性，信息在一定程度上会进行保密，使信息变得稀缺，从而导致了农业信息的不完全性和不对称性。农业信息可以交换，因为农业信息在一定程度上可以保密，并且很多农业信息具有一定的时效性，导致农业信息具有可私有性；农业信息往往与实体结合，通过语言、图像、文字等方式传播，使农业信息私有，信息具备了交流、交换的可能。农业信息往往与从事农业生产的人息息相关。现代信息技术包含着人类文明智慧，因此它是劳动产品。农业信息具有价值，影响着农业经济和社会的发展。农业信息一般包含农业市场信息和农村社会经济信息、农业科技信息和农业教育信息、农业生产信息和农业管理信息以及农业政策信息等。

从时效性来看，农业信息还可分即时性农业信息、阶段性农业信息和永久性农业信息。即时性农业信息是指在获得信息的时刻具有效用，或者无法转移信息给其他时间有效的农业信息；阶段性农业信息是指取得信息后可以自用，并且在限定时间内可以转为别的用处，并产生一定效用的信息；永久性农业信息是指获取信息后可以一直受用，或者可以转移价值，并且没有时间限制的农业信息，如科学技术知识等。

农业信息按专业化程度可分为专业化农业信息和非专业化农业信息。专业化农业信息必须具备一定的专业知识才能掌握，这是一个费时费力的过程；那些不具备专业知识就能掌握的信息，或者相对容易掌握的信息，称为非专业信息。由于农业生产带有很强的地域性、天然性以及季节性、风险性和变动性、阶段性。我国农业分布更加广泛，导致信息具有分散性，而各地区农业水平发展参差不齐，致使信息具有层次性差别，这些特性也愈加明显。农业信息中具有差异的信息不单有互补性，还有替代性，不仅有质量好坏和真假之分，而且贡献成本也会有差异。

第二节　信息化与农业信息化

一、信息化

（一）信息化的概念

信息化这一概念最早出现在 20 世纪 60 年代，1967 年，日本学者在研究经济问题发展的同时，依照"工业化"的表述概念提出了信息化的概念，对信息化的定义为一种社会前进的动态过程，其前进的目标是信息产业在产业结构分配中处于绝对优势并高度发达。

自 20 世纪 70 年代起，"信息社会""信息化"为西方普遍使用，联合国教科文组织在 1998 年以联合国的名义对信息化进行了界定："信息化和技术社会的双重进程。它要求在产品或服务的生产过程中改变管理流程、组织结构、生产技能和生产工具。"随着信息化在全球范围内的推广，我国开始深入研究信息化的内涵。

1997 年召开的首届全国信息化工作会议，对信息化的概念进行了比较规范的定义，认为信息化是指培育、发展以智能化工具为代表的新的生产力并使之造福于社会的历史过程。

2006 年，中共中央办公厅、国务院办公厅印发的《2006—2020 年国家信息化发展战略》中提出信息化是充分利用信息技术，开发利用信息资源，促进信息交流和知识共享，提高经济增长质量，推动经济社会发展转型的历史进程。人类文明发展的历程可以用"农业化、工业化、信息化"来概括，信息化是通过现代信息技术来实现对人类社会关于信息和知识在生产方面的改造，这种改造的结果便会使得社会生产体系产生变化，这些变化不仅包括组织结构的变革，还包含社会经济结构的转变，正是这些变化推动着人类社会从工业社会向信息社会转变。

因此，信息化是一个由于技术创新及应用，促进经济发展、社会生产力增长以及人民生活水平改善的动态过程。可以将这种动态过程理解为运用信息技术促进社会各个领域不断发展的产业革命的过程。

（二）信息化的表现形式

信息化有较快的发展速度，尤其是在信息技术快速发展以来，信息技术对各行各业都产生了深刻影响，这也直接导致各行各业发生了信息化变革。例如，社会信息化、产品信息化、企业信息化都是信息化的表现形式之一。在当代社会进步和发展过程中，手机成为每个人必备的基础设备之一，第五代移动通信技术（5G）网络也成为信息化沟通和交流的基础条件之一。5G 网络的覆盖率不断提高，这也表明信息化在通信行业得到了快速的发展，完成了通信产业信息化的变革。

（三）信息化的应用范围

信息化对各行各业都有重要影响，信息化技术不管是在农业、工业还是服务行业都有广泛的应用。例如，在农业方面应用信息化，利用网络信息化交流平台实现农作物的线上交易，这在一定程度上能够促进农产品经济效益的提高。信息化在工业，特别是在加工制造业所起到的作用就更为重要。例如，在工厂加工制造过程中，需要应用各种各样的加工技术和加工方法，才能实现经济效益的快速提高。在这个过程中，就可以利用信息化的资源优势，实现技术的创新和进步。在服务行业信息化的应用范围更为广泛，每一个商场、超市以及饭店都会有点餐机器和自动结账机，这都是信息化技术的应用方式。

二、农业信息化

（一）农业信息化的定义

关于农业信息化的定义，不同的学者从不同的角度给出了不同的解释。大部分学者认为，农业信息化就是将信息技术运用于农业领域的全过程。也有学者认为，农业信息化是将信息技术应用到农业生产生活中的过程。还有学者认为农业信息化是实现农业信息有效传递的过程等。综合大量学者的观点可以发现，学者们在农业信息化的概念上产生分歧的主要原因在于没有区分好农业发展的信息化和农业应用的信息化，即农业信息化的概念具有二重性。因此，二重属性的区分对于明确农业信息化概念内涵是十分必要的。

农业信息化的概念具有二重性，主要表现在宏观和微观两个层面。从宏观上来说，农业信息化是当前农业现代化的发展核心、发展枢纽和发展平台，它不仅仅代表了信息技术在农业生产流通方面的使用，也代表了目前由于"互联网+"

大力发展而带来的农业农村结构变化，这是广义上的农业信息化。从微观上来说，农业信息化是信息技术在农业上的推广和应用，涵盖了精准农业、数字农业等多个方面，这是狭义上的农业信息化。

综上所述，农业信息化是指信息化在农业领域的实现过程。从微观上来说，这一过程表现为信息化应用到农业后，加快了农业技术的发展速度，使农业发展结构产生了改变和进步。从宏观上来说，当信息化应用到农业后，农业的发展现状及发展模式可能会产生较大的改变，在当前"互联网＋"的发展背景下，农业发展将搭乘互联网发展的快车道，不仅仅在生产生活上提高效率，还可以进一步与互联网深度融合，提高服务质量，这样一来不仅对于农业发展，对于整体的农村经济都具有十分重要的意义。因此，这个界定需要包含以下两个要点。

①农业信息化的本质，实际上是信息化在农业领域的实现过程，明确之后可以更好地区分农业信息化与信息化之间的关系，从而更好地探究农村信息化和农业信息化之间的区别。农村信息化主要从区域角度进行探讨，是一个范围的概念，而农业信息化主要从行业和部门角度进行探讨。

②进一步明确农业信息化的二重属性，也就是可以更好地区分广义农业信息化与狭义农业信息化之间的区别。广义农业信息化与狭义农业信息化之间是相辅相成，共同发展的。在实际的应用过程中，一方面要有针对性地从不同角度进行分析，不断探讨其中的理论与实践意义，另一方面要把握不同农业信息化之间的区别，充分认识两者之间的关系，对研究对象进行更深入的把握。

（二）农业信息化的特征

1. 高投入性

由于以往的农业发展与信息技术没有交集，而将信息化纳入农业发展后，需要进行一定的基础设施更新，这就需要一定的投入。与信息技术类似，农业信息化具有高投入性，高投入不仅指应用上的高投入，如计算机、存储设备、手机及其他电子终端等，还包括各种通信设备，如路由器、交换机、光纤、信号站等。由于农村的通信设备和信息基础设施建设往往落后于城市，因此在大量地区需要进行大量投入，以保证农业信息化的正常有序开展。

2. 开放性

我国是一个开放的国家，中国对外开放的大门还会越开越大，因此农业信息化还具有一定的开放性。在以后的发展过程中，我国的农业发展还将在经营、市场、科技、环境和法规等多个方面加强与国际社会的交流合作，不断提高自我水平，取其精华，弃其糟粕，不断学习外来知识为我所用，不断加强与国际社会的农产品交流，提高农产品的质量及竞争力。

3. 全程化

农业信息化不局限于农业领域的某一环节上，信息技术的应用扩展到整个农业产业链中。随着市场竞争程度的加强，信息技术企业与农业各类企业合作，科研院所与生产经营组织甚至用户建立合作，多学科协作推进项目。联络合作在一定程度上改善了农业产业链上有些环节信息化程度不高的问题，进一步发挥了优势，提高了农业效率，增强了地区农业产品的市场竞争力。

4. 高效性

与其他产业相比，农业发展的自然风险较高，因此如何规避风险则成为一个十分重要的议题。信息技术发展提高了农业效率，使其具有高效性。高效性不仅表现在农业生产上，还表现在农业生活上。在生产上，农业信息化可以不断促进农户选择更适合种植的农产品，促进优质品种深入田间地头，提高了农产品的抗风险性。在生活上，农民可以更有效率地了解目前市场上的农产品价格情况，高效进行决策判断，从而降低成本，降低种植难度，少走弯路，促进产业升级，使农业生产生活效率不断提升。

5. 差异性

我国幅员辽阔，地大物博，因此农业信息化的发展也存在较大的差异性。该差异性不仅仅体现在某一方面，而是多方面多角度均存在差异，严重阻碍了我国农业经济的发展。

（1）农村人才流失较为严重

随着我国经济的不断发展，大量的农村民众开始走出农村，走向城市，广东成为打工人常去的省份。而在这一过程中，大量的农村人才也走出农村，走向城市，这就导致农村人才大量流失。

而农业信息化的发展离不开人才的支撑，信息化人才不仅可以将信息技术更快地应用到农业生产生活中，还可以充当信息技术的传播者，有利于加快信息技术在农村中的应用速度，提高信息化水平。

（2）各地信息化水平发展差异较大

改革开放以来，东部地区乘坐改革开放的顺风车顺利地走上了大力发展的道路，但是中部地区和西部地区的发展速度与之相比却较为缓慢，这就导致了农业信息化发展在地区之间的不平衡，一般认为东部地区的农业信息化发展水平较高，而中部地区次之，西部地区的信息化发展水平最低，这与不同地区之间的经济发展形势也较为匹配。

（3）农业基础设施较差

与发达国家相比，我国的农业信息化发展较晚，虽然我国搭上了第三次工业革命的快车，但是开始主要集中在工业与服务业上，对农业的重视程度较低，而国外农业的发展较早，因此与国外相比，我国的农业信息基础设施建设较差，还需不断提高基础设施建设水平，加快发展速度。

6. 竞争性

随着农业信息化水平的不断提升，农业信息化的发展也体现了一定的竞争性。农业信息化初始主要以技术开放和使用为主，随着不断演变，至今已深入生产、交换、分配和消费的各个环节，生产上信息化可以促进生产效率不断提高，交换上可以促进供需平衡，分配上可以促进销售多样性，消费上促进了农民消费的多样化，因此竞争性使农业发展机遇与挑战并存，有利于我国农业的继续发展。

（三）农业信息化的具体表现

经济社会的发展并不是一成不变的，而是在波澜中前进，在螺旋中上升的，因此农业信息化的发展也不是一条直线走上前的。在我国农业信息化发展的过程中，最为重要的一环就是农业信息化在现实生产生活中的应用，这体现在农业生产生活的方方面面，将先进的信息技术应用到农业发展中，不仅可以实现农业这一古老的产业与信息这一先进技术相结合，还能促进区域经济协调发展，农业信息化的具体表现如下。

1. 农民生活消费信息化

当前我国正处于经济快速发展时期，农民的收入水平也在不断提高，因此带来的农业消费水平也处于不断上升的趋势中。信息化的应用提高了农民生活消费的信息化水平，使得淘宝、京东、拼多多等电商平台可以深入田间地头，更好地促进了农民消费升级。

2. 农业生产管理信息化

农业生产也搭乘农业信息化的发展快车走上了快速发展的道路，随着农业信息化水平的不断提高，农业的生产管理信息化水平也在不断提高。因此，农民可以根据信息技术进行更好的农业生产管理，在种植业、渔业、牧业等多个领域提升管理效率和管理水平，促进农业生产效率的提高。

3. 农业经营管理信息化

信息化水平的不断提升也带来了农业经营管理理念的大幅进步，与以往的经营管理理念相比，农民可以更好更快地接受信息农业管理知识与方法，不断提升管理方式与管理能力，加快农业与其他产业融合的脚步，使农民可以更好更快地理解相关政策法规，及时更正管理方式。

4. 农业科学技术信息化

农业信息化的应用还可以促进农业科学技术的信息化，提升农产品的附加值，创造具有更高价值的农产品，提升农产品的质量与水平。

5. 农业市场流通信息化

农业物流也是农业发展的重要组成部分，以往农业信息化水平较低时，往往存在大量优质农产品供需不平衡的现象，造成了大量的资源浪费与资源不平等。而随着农业信息化水平的不断提升，这种现象也在不断改善，一方面，通过互联网技术，可以更好更快地解决供需不平衡的问题，使信息传播效率大大提高；另一方面，农产品的价格可以更好地根据市场经济发展情况进行快速调整，以更好地应对市场需求，加快农产品的流通速度。

6. 农业资源与环境管理信息化

农业资源与环境管理主要是指农业发展过程中所遭受到的资源侵害问题，众所周知，农业自古以来被誉为看天吃饭的行业，这说明天气情况对农业的发展至关重要。而以往信息化水平较低时，农民无法更好地得知天气情况，因此更容易遭受气候风险，导致农产品大量减产。随着农业信息化水平的不断深入，农业资源与管理的信息化水平也不断提升，农民可以更好地分配资源，了解天气与气候状况并及时做出应对，有效降低风险。

7. 农业科技教育信息化

在农业发展的过程中，政府充当着组织者和领导者，具有重要的支持作用。农业信息化可以促进农业科技教育的信息化，不断提高政府农业技术人员的水平。农业技术人员水平对于农业发展具有至关重要的作用，由于农民科学文化水平相对较低，政府需要设立大量的农技站对农民进行科技传播，提高农民对新品种和新农作物的认识。而农业技术人员的水平也参差不齐，好的农业技术人员可以更好更快地发展一个区域的农业，而技术水平较差的农业技术人员则会降低一个地区的农业发展水平。

因此，农业科技教育信息化水平的提升促进了农业技术人员技术的提升，可以使相关人员更好更快地接受先进的教育，不断提高科学文化知识水平，学习先进经验，提升个人素质，从而更好地服务一方民众。

8.农村经济社会信息化

农村经济社会的信息化主要是指由于互联网等信息技术不断深入民众，政府及农民可以更好地相互关联，相互沟通，出现问题及时解决，政府可以根据农民的需求制定相应的政策。

当前，随着经济全球化进程的不断加快，农业信息化水平在一定程度上已经成为一个国家或地区现代农业发展水平的代名词，一个国家或地区的农业信息化水平较高，并不一定代表该国的现代农业发展水平较高，但是如果该国农业信息化水平较低，很大概率上说明该国现代农业发展水平较低。随着社会经济的不断发展，农业信息化的表现范围将会不断扩大，内涵也将变得越来越丰富。

（四）农业信息化的重点领域

信息成为生产力的要素之一。当信息的数量达到一定的数量级时，便需要建立一个系统空间，便于储存使用，将各类农业信息转化为生产力信息。随着农业信息化的发展，农业各环节都开始了信息化，为了适应信息化发展，开始建立各类农业数据库。

现阶段，中国已拥有专业性的综合数据库，在推动农业信息化、助力农业经济发展方面起到了重要作用。同时，为了满足农业信息化发展的需求，还需要开发各类适合的农业数据库，建立完善的信息采集、加工、分析一体式的信息资源体系，使用先进的数据处理技术与数据库技术建立相关数据库，如农业资源数据库、市场信息数据库、政策法规数据库等。

1.农业信息网络与数据库

农业信息的传输需要快捷的途径，各国提出了"信息高速公路计划"，通过先进的信息通信技术建立区域内互通的农业信息网站，促进农业经济发展，使相关人员及时了解农业市场信息，获取农业技术知识与最新的农业政策，并提高农业管理的科学性。

2.农业专家决策系统

农业专家决策系统是集中了农业领域的专家知识、经验的计算机系统。美国伊利诺斯大学开发的"大豆病虫害诊断专家系统"（PLANT/DS）是最早的农业专家决策系统，20世纪80年代中期以来发展迅速。美国、德国、日本等国家在农业经济效益分析、农业作物栽培等方面推出一些农业专家系统进行使用。中国的农业专家决策系统研究较早，各种专家系统随后陆续问世，几乎涵盖农业生产的各个领域。

3. 精准农业

精准农业是在农业生产中全面结合信息技术的多系统的组合形态，其组成系统有遥感系统、地理信息系统、全球定位系统、农业专家系统、环境监测系统等。通过将农作物技术精确用于单位土地上，降低生产成本，看成是农业信息时代的"精耕细作"。在农作物种植的各个环节，如播种、灌溉、施肥、病虫害防治等实现精准操作，降低农业种植生产成本。

其技术流程：首先运用物联网技术和遥感技术（RS）、地理信息系统（GIS）、差分全球定位系统（DGPS）等技术系统结合人工辅助来采集生产作物的相关信息。其次将得到的生产作物数据使用地理信息系统和模型系统进行分析处理，形成信息分布图。最后将数据分析处理结果录入数据库和智能化决策系统，智能化的决策系统根据精确作业的指标体系做出决策并通过智能化的农业器械来进行操作，实现生产目标。使用大数据来整合所在地域的农业优势资源，构建基于大数据的精准农业发展模式。

4. 设施农业

设施农业是在一定的区域内使用现代机械、农业工程、生产管理技术来尽可能地改善生产环境，使得农业种植和养殖，微生物、水产生物和产品的储存可以实现对区域内温湿度、光照、空气等环境条件的相对可控，尽可能发挥土壤、生物、气候的潜能，在一定区域内尽量减少自然环境的不利影响，提高劳动效率，实现优质高产、高效速生的新式农业生产方式。

设施农业是农业发展由粗放式发展向集约式发展转变的有效方式，同时也是农业信息化实现方式之一。设施农业充分利用太阳光热能源，在一定程度上减少了生产环境（气候、水土、光源等）的限制，对生产环境资源进行高效利用，提高农业生产效率，并在某种程度上可以均衡农产品供应，具有技术含量高、投入高、产量高、效益高，附加值高等特点。

5. 虚拟农业

在农业系统中引入虚拟技术，使用计算机模型模拟动植物，并模拟动植物生长过程，通过调控各类影响因素，从遗传学角度来对农作物进行定向培育。虚拟农业是对传统育种科研方式的变革，具有良好的应用前景。

（五）农业信息化的评价指标

农业信息化建设作为政府公共管理工作的重要组成部分，它需要有专门的评价指标对其工作进行评价，这不仅可以有效地监督政府的工作，同时还能及时发现在农业信息化建设中存在的问题，以此制定出有针对性的措施予以改进。从当前我国农业信息化的建设情况看，农业信息化评价指标主要包括以下几点。

1. 基础设施建设指标

基础设施建设是农业信息化建设的基础，在整个农业信息化建设中起到了关键性、基础性作用。在评价农业信息化建设情况时，首先就要对基础设施指标进行评价。从当前的情况看，基础设施建设评价的具体指标包括广播覆盖率、电视人口覆盖率、互联网用户数量等。

2. 信息服务体系指标

农业信息化建设需要相应的信息服务体系作为基础，可以说，如果没有配套的信息服务体系，那么信息化建设工作将很难达到预期效果。因此，在评价农业信息化建设时，应该将信息服务体系纳入评价指标体系中。

3. 信息化网络体系指标

农业信息化的发展需要信息化的网络体系作为重要的支撑，信息网络体系建设也是保证农业信息化建设的重要保障。从当前农业信息化建设的实际情况看，建立起省级、市级、区级（乡镇级）的信息化网络，对于农业信息化建设同样也非常重要，因此，在评价农业信息化建设现状时，信息化网络体系指标也成为其重要的评价指标。

4. 信息化与产业融合指标

农业信息化建设的高级形式是实现信息化与产业化的融合，这同样也是农业信息化建设的方向和目标。在评价农业信息化建设现状时，信息化与产业融合指标也成了信息化的重要衡量指标之一。

第三节　农业信息化建设的内容

一、农业信息基础设施信息化

农业信息基础设施建设是农业信息化的基础，而信息基础设施与网络信息发展联系紧密，只有建立完善的信息网络，如互联网、电信网络等，农民才能依托信息网络使用计算机、电视机、手机等信息媒介对农业信息进行传递与交流，传播和推广农业信息，推动更多农业资源的开发，这对提升农业生产效率具有非常重要的作用。

另外，只有建立完善的信息网络和通信设施，才能促进物联网发展以及农村特色农业发展和特色农产品种植。信息基础设施建设作为农业信息化建设的第一步，为后续农业信息资源的利用、信息服务的开展提供了保障。

二、农业发展环境信息化

现在随着信息技术不断应用到农业领域，互联网的发展、宽带入户、各类农业先进设备的利用给农业发展带来了新的发展方向和发展潜力，也给农业提供了一个全新的信息化发展环境。

首先，不同于工业、商业等其他行业，在农业生产过程中，阳光、土地、水等自然资源在农作物的种植和生长过程中是非常重要的，可以说农业发展是极其依靠大自然资源的。由于对自然的依赖性非常大，如果一直被动地受制于自然，一旦遇到自然灾害，这对当年的农业产值将会有非常大的负面影响。而当信息技术逐渐渗透到农业领域，人们使用先进的信息设备去了解自然、监测自然，这对发展农业、促进农作物更好生长具有非常重要的作用。

例如，对土壤进行日常的监测，防治土壤污染；利用计算机系统对农田灌溉进行监测，控制到最优的排水量和浇水量；在大棚作物种植和棚舍饲养中利用计算机系统实时监测棚内温度和光照，控制到最佳温度和光照强度，大棚种植让消费者在冬天也能吃上新鲜的果蔬。

其次，长期以来，蔬菜类的农产品由于不易储存等特点，以及之前快递通信行业未兴起，只能在当地售卖，销售渠道单一，面向的消费者也比较少，如果遇到丰收年份，单一的销售渠道和有限的消费者可能会导致产品滞销。在互联网迅速发展、通信快递行业快速发展的情况下，农产品销售找到了新渠道。电子商务平台的发展为农产品提供网上销售渠道，面向全国、全球的消费者，有力缓解了农产品滞销问题；快递行业的发展为农产品的运输起到了非常重要的作用，三天或一周就能将商品送到消费者手中，即使在北方地区也能吃到海南新鲜的热带水果，对消费者来说也是非常便利的。

最后，以前农户在购买种子化肥等生产资料、生产机器设备等所需物品时，由于信息不流通、交通不发达，信息成本较高。因此，对农户自身来说，网络为其带来了信息化的生活环境，为其个人生活带来了很大的便利。

三、农业服务体系信息化

随着信息建设、信息应用的发展，服务体系也在不断优化，为农村居民提供了一个优化的信息服务环境。

首先，近些年来随着互联网的发展，各类型网站数量激增，涉农网站数量快速增长，如新农网、富农网、中国农业信息网等，在这类型网站上农村居民可以更方便、更快捷地查询到农产品价格、生产资料、特色农业、新农村建设等相关信息，对农村居民作用很大，有助于农村居民提高农业发展竞争力。

其次，在农村地区建立的乡镇农业服务机构等，可以给农村居民提供一个学习信息应用、了解农业信息的场所，为农村居民提供完备的信息资源。

最后，随着农业发展，建立了不少涉农企业，促进了农业产业化发展，有助于农产品大规模种植、深加工、网络销售，并且对涉农企业国家也给予一定的优惠政策，促进涉农企业的发展。

第四节 农业信息化建设的意义

一、转变粗放型生产方式

传统的农业生产模式可能具有投入高、产出少、效率低、环境依赖性强等特点，并且对农业资源利用率不高。农业信息化的发展使传统的粗放型农业生产方式被现代农业高效、经济的生产方式所取代，促进农业粗放型生产方式的转变。计算机网络和现代通信技术被广泛应用到农业生产的各个领域，推动农业生产向数字化、智能化、自动化方向发展。农业信息技术的应用和推广，有效降低了生产成本,提高了农业生产力,能够实现农业集约型发展,实现农产品产量增加,提高粮食质量。

通过将信息化技术运用于农业生产方面,提高农业生产力,有助于促进农业经济发展,提高农民收入。例如,在农作物种植中,通过技术手段实现种子选育、农田灌溉、监测病虫害、化肥品种筛选、农药的定期定量施用,对于大棚作物,实现实时监测光照强度、温度等。

另外,现在网络发达,农民很容易可以获得关于气象天气的网络信息,以便预先做出判断,做出规避措施。通过使用以上技术手段和网络通信技术能够减少在农业生产中由于自然灾害带来的不利影响,从而减少农产品产量损失,提升农产品产量以增加农民收入。

二、助推"三农"进程

由于当前的科学信息技术飞速跃进,将信息化应用于农业当中的重要特征之一是实现农业生产智慧化管理,即利用数字技术和信息技术对农业生产的全过程进行监控和管理。将信息化应用于农业的所有环节,不仅要在生产加工、市场化等模块运用信息化方法和工具实现效率的提升,还需要将信息化思维渗入农业生产的方方面面,以新思路推进农业的提质升级,最终形成现代化的高效、集约型农业模式。各地区推进信息化走进农业领域,实际上对"三农"工作起到了推动作用。

(一)有利于农业整体提质

信息化技术的发展和应用在很大程度上冲击了传统农业原本的产、供、销模式,要想继续存活,传统型的农业必须改革。将信息化应用到农业的管理事务当中,不仅能够提升农业生产力水平,还能够加速传统农业转型升级,为现代农业发展奠定坚实的技术基础。基于物联网、互联网以及云计算技术的农业生产和经营模式,能够开辟农业发展新路径,推动现代农业发展壮大。

(二)有利于提高农民收益

信息技术与农业生产相结合,这是当前我国推动农村改革的重要手段。近年来,我国高度重视农业生产改革和转型,从生产工具、生产方式、生产人员方面做出了巨大的改进,但是农民增收效果并不显著。其关键是农业信息化水平不高,农业生产高新技术利用率较低,不管是生产效率还是信息共享利用水平都比较低,与农业的发展现状不契合。

将信息化技术引入农业经营和管理活动当中，不断提高农业人口信息化素质和应用能力，随着农民科技素质的不断提高，农业生产效率也会不断提升。不断提高农业细分领域的信息化程度，进而形成特定的管理模式和标准，形成现代农业信息利用系统，为广大农业生产者和经营者提供更好的技术服务，加强二者之间的沟通和联系，扫除中间环节的障碍，为农产品进入市场流通创造更好的条件，可以促进农民收入大幅增长，不断提升农业综合竞争力。

（三）有效促进农业经济增长

在整个社会层面推进信息化发展，农业板块是其中不可忽视的组成部分，主要作用和影响在于其能够优化配置农业生产资源、显著提升农民收入水平、大力提高农业生产效率。农业信息化的建设帮助农业实现经济效益的提升。

除此之外，农业领域的信息化发展还可以提高经营资源利用效率，大幅减少经营成本，为农业生产者带来更高的收益。通过建立现代农业信息网络体系，能够改变过去农业生产调控水平、管理水平低下的局面，大力提高农业市场效率。改革传统农业发展方式，实现粗放式农业生产向精细化农业生产方式转型，这是带动农业经济发展的重要动力。

三、降低农业生产成本

首先，农业信息化以及信息网络的发展能够给农村居民提供便捷的信息获取渠道，方便农民查询和获取农业相关资料信息，降低信息获得成本。

其次，对于农业生产资料，现在互联网发达，农民可以通过使用互联网、查询涉农网站等获得更多关于农产品生产资料的网络信息，通过比较多样的信息，从而得到需要的有利信息，购买物美价廉的生产资料，降低生产资料成本，也不至于像以前处于消息闭塞的情况。另外，现在电子商务平台发达，农民通过平台购买也可以进一步降低人工成本，更加便利。

最后，在农作物种植的过程中，通过安装自动灌溉装置、自动喷灌农药装置等，可以实现自动化灌溉、农药施用，提高效率，节省农民时间成本和人工成本。随着农产品生产成本的降低，农民收入也会随之提高。

四、促进农业信息资源利用

随着互联网以及电子商务等网络平台越来越发达，信息手段和电子商务逐渐应用于农业领域。

首先，电子商务平台的发展、快递行业的快速发展，给特色农产品销售提供了多样化的销售渠道，在农产品成熟季节，农户可以开展网络销售，足不出户就能够将农产品销售出去，节省不少时间和人力、物力成本，甚至面对全国、全球的消费者进行销售，大大吸引了潜在客户。

其次，部分农产品能够直接面向消费者出售，减少了中间成本，同时通过利用网络渠道，也可以调研、搜寻消费者需求，提供可以满足其需求的产品。另外，在农产品的包装方面，同样离不开信息技术，在商标设计和外包装设计上，可以利用大数据网络进行大量调研分析，设计出符合消费者需求的高品质包装，从而吸引到更多的消费者。通过实现农产品销售的网络信息化，扩大了销售渠道，降低了销售成本。

最后，在农产品销售时，农民可以直接通过电子通信设施联系购买商，确实交易价格、时间与地点，与以前相比节省了不少时间和人力，另外现在获取信息渠道众多，农民可以通过多种渠道获得农产品价格信息，对比选择合适的价格出售。

五、提高农产品的生产质量

农业信息科技的建设与完善，可显著增强农产品的生产能力。传统农业生产体系采取人工种植方式，融合的农机科技较少，无法保证农产品质量，在农产品选种、作物采摘、产品加工、产品销售等多个流程中，人工处理方式均表现出低效问题，低效生产成为农业运作的主要问题。新时期，现代科技的有效融合可显著增强农业生产各环节的生产能力，重新分配农民的生产任务，切实提升各环节的技术融合程度，缩短生产用时。

六、提高农业生产和管理效率

传统农业生产中，农民是生产和管理的主要对象，我国长期的农业发展历程中，由于受到农民自身认识水平的限制，农业生产和管理完全依靠经验。长期以来农业生产和管理效率低下，随着农业信息化的发展，农业生产管理必然与信息化接轨。

此外，最需要信息化指导的是农民，然而在农村缺乏权威信息的统一发布平台，农民的信息获取渠道单一，容易受到虚假信息的误导，引起农产品价格不合理波动，广大农民的积极性也受到打击，这直接影响农业的正常发展。

随着信息技术在农业生产经营过程中的逐步融合，农民可以利用互联网及时了解当前市场上农产品的价格和供求情况，利用互联网发布的权威信息，科学合理地规划和安排农业生产，降低农业生产过程中的不确定因素影响，降低生产成本。

七、促进农业科技成果的转化

科技成果转化是指科技成果在研究开发、实验推广、成果转化及产业化等方面的应用过程，是知识经济发展的重要部分。随着我国农业科技成果的不断涌现，如何有效地将其转化为现实生产力，一直是农业科技工作者和农业部门所面临的难题。

在新时期，我国农业信息化建设已经取得了一定的成绩，但是仍然存在着很多问题。一是农业科研经费投入不足，阻碍了农业科技创新体系的建设；二是没有完善的信息收集与发布机制；三是农民受自身水平限制，难以准确、快速地获取相关信息。在农村信息化建设中，需要充分利用网络平台，发挥信息技术在农业科技成果转化过程中的作用。将农村信息化与农业生产相结合，实现农村生产、生活和生态环境等方面的一体化发展。

八、改革传统农业经济建设模式

随着农村经济建设的大力发展，信息化生产模式的农业发展水平相较传统农业有了显著提高，为改革传统农业经济发展方式和升级农业产业奠定了坚实基础。农业信息化技术分为农业技术信息化和农业经营信息化两大类。

农业技术信息化就是利用信息资源制定科学合理的生产计划和生产经营方案，有效协调农产品生产环节和步骤，并根据地区实际情况对发现的问题及时改进和完善。

农业经营信息化在农村地区建立规范标准的生产体系，对农村地区资源进行整合和分配，优化配置资源，并应用先进的农业信息技术实现农业生产的现代化和科学化；能够带动农业向产业化方向发展，针对经济落后地区农产品滞留的情况，开发滞留农产品的卖点和亮点，利用信息技术将特色农产品快速推向市场，通过分析市场需求，集约土地、资源、劳动力三大要素，提升各项资源应用效率，带动多产业持续稳定发展。

九、加速对当地农业发展状况的了解

农业生产工作对当地环境有着极高的标准要求，它需要结合当地的气候、环境等做出综合判断再进行相关作业，这一环节中最重要的是如何获取较为准确的信息，此时信息化技术也就充分发挥了作用。通过农业信息化技术收集的相关数据及资料，可以得到一套相对准确且完整的指标，在此基础上可进一步做出合理的农业生产计划，为农作物的种植以及后续收割等提供良好的数据支撑，为农业的发展提供坚实的技术保障。

不仅如此，当信息化技术在同一环境中被多次使用后，人们就会总结出对该地的一些特征描述，增加对该片土地的了解与认识，使以后的作业不需要重新收集分析信息，可根据之前的相关数据进行统计推算，最终得出相应结果。

由此看来，农业信息化会使农民加快认识当地农作物的生长环境，增加对该片土地的熟悉程度，有利于加深对当地整个农业发展的了解程度，从而不断推动农业经济效益的提高，促进农业信息化技术的发展和提升。

第二章　国内外农业信息化发展现状分析

农业是我国国民经济的基础，农业的发展离不开科学技术的进步，因此农业信息化对农村经济的发展以及国民经济的发展具有重大的意义。但是，我国农业的有关制度不能及时跟进，信息化水平相对较低，导致我国农业信息化发展缓慢。

第一节　国内农业信息化发展现状分析

一、我国农业信息化基础设施建设情况

（一）农业信息化基础设施全面升级

近年来，我国农业信息化基础设施建设在政策框架内发展迅速，实现了全面升级。在网络覆盖方面，根据 2023 年 2 月最新发布的《中国数字乡村发展报告（2022年）》数据显示，截至 2022 年，全国行政村通宽带比例达到 100%，农村互联网应用快速发展，农村互联网普及率达 58.8%。在数据资源平台建设方面，我国也在逐步调整战略适应农业现代化发展需求。目前我国比较有代表性的有三大农业网络数据平台。其中，国家农业科学数据中心由中国农业科学院农业信息研究所主持，中国农业科学院部分专业研究所、中国水产科学研究院、中国热带作物研究院等单位参加。根据其官网介绍，网站筹建始于 1999 年，前身是"农业科技推广数据库"，自 2002 年开启"农业科技基础数据库建设共享"工程建设，并于 2005 年开展农业科学数据共享中心建设工作，2019 年科技部、财政部将农业科学数据共享服务平台优化调整为国家农业科学数据中心。依托国家农业图书馆实体的中国农业科技文献与信息服务平台则拥有全国最丰富的农业科技文献信息资源。电子文献资源方面引进中外文电子数据库 36 个，其中中文数据库 5 个，外文数据库 31 个。借助国家科技图书文献中心（NSTL）开通数据库 45 个，其

中农业和农业相关学科数据库 32 个，均为外文全文数据库。根据其官网介绍，目前开通服务的中文全文期刊达到近 10 000 种，外文全文期刊近 3 500 种，自行研建的国内外农业科技文献数据库等各类实用型数据库 50 余个，数据量 1 500 万条，每年新增记录 50 余万条，且这些数据库绝大多数已经实现了网络对接。在 2000 年被确定为国家科技图书文献中心农业分馆后，不仅承担国家科技图书文献中心国际农业科技文献数字化和馆藏文献数字化加工任务，还肩负着国内外农业科技文献资源体系建设、全国农业科研系统电子资源共建共享体系建设以及全国农业科研系统电子资源集团引进工作。而农业农村大数据则立足于农业资讯，打破了农业大数据与信息化产品的界限，并作为高新技术企业的杰出代表，提供农业咨询、信息技术、现代农业、食品安全和金融投资为一体的综合智慧农业解决方案。在官方主页上注册用户可以获取农业大数据分析应用终端，普通用户也可了解到部分农业农村大数据信息和企业最新动态新闻，也有经济作物、农资、果蔬等数据库链接提供访问，可视化云图显示各产业大数据分析平台最新动向。

（二）基础设施建设仍呈现地区发展不均衡态势

东南部沿海地区的农业信息化基础设施与系统配备以及网络接入情况明显优于其他地区，高于全国平均水平。特别是东北地区的发展水平与全国整体数据相差较大，有待加速提升。部分地区基础农户使用的智能手机具备上网功能，但出于费用考虑，需要等到其从田间地头仅能用流量的区域返回家中连接宽带网络后再进行交流。可见无线网络覆盖的局限也限制了农户对信息化手段的使用。

由此可见，"最后一公里"问题仍然突出，导致了地区间的数字鸿沟进一步扩大，信息技术在支持农业发展、加快农村建设、服务农民生活方面还没有满足需要，农业物联网、云计算技术、大数据技术、辅助决策技术、遥感技术、精确农业技术等方面均处于起步阶段，距离普遍应用还有很长的路要走。

（三）农业信息化基础设施发展拓宽了信息获取渠道

由于我国农业信息化基础设施逐渐完善，农业网络资讯平台的搭建使农业从业者获取信息的渠道更为便捷且规范，信息获取渠道逐渐拓宽。在获取与从事农业活动相关信息的渠道层面，大部分农业从业者会接触并利用农业信息化技术传播新兴媒介，借助互联网、智能手机，通过手机短信或手机应用软件获取与其从事的农业活动相关的信息，反映出我国政府及农业主管部门在政策推动与支持方面发挥了不可磨灭的作用，互联网作为主要渠道，提供了农业信息平台发布的农业从业者期待获取的信息。智能手机也作为小屏信息载体逐渐占领信息发布的第一梯队。农业推广机构在其中也正发挥着日渐瞩目的作用，农业专业手机应用软件开发初具成果，而数据平台或数据库的建设仍需进一步完善。

二、我国农业信息技术应用情况

（一）农业信息技术应用日益广泛

从最初的报纸、书籍、杂志，到之后的电视、广播、宣传栏，再到如今的电话、手机、网络，农业信息化对于农户而言，不再是触摸不到的新兴技术，而是跟日常生产生活息息相关的应用实践。科技特派员和农业推广员将农业信息技术带到田间地头，带到基础农户家中，用实地指导和精准帮扶将运用方法切实传递到农业从业者手中，成为真正可操作的利农手段。

从调查数据上看，我国农业信息技术应用日益广泛，主要体现在农业生产和农产品销售方面，其次是农业管理系统平台和信息技术专业指导人员的配备方面，其中信息化服务平台的应用仍在发展过程中。此外，目前许多基础农户获取农业信息技术主要来源于收购其基础农产品的公司或机构，会在其生产过程中提供农业信息技术支持。

农作物生产环节实现信息化，可以对生产过程进行精细化和科学化管理，为其他环节提供必要保障。在农业生产中，相关人员可以利用信息化生产技术，实现对农作物智能化和精细化的监督与管理。另外，为了选择优质的品种，可以通过网络平台选择和查找优良的品种卖家，科学选择化肥和农业机械设备，降低生产成本，提高农业生产效率，推动我国农业经济健康发展。

（二）农业信息技术各领域应用情况

1.农业信息化生产方面

农业信息化应用水平不断提高，农业智能化建设有序推进。特别是在传统经济作物方面，农业信息化发展水平领先，在近年来涌现出一批国家级高新技术企业，引领农业走出不同于传统发展路径的信息化新业态。农业高新技术企业与农业专业院校的人才协同研究运用信息化手段、物联网设备和创新型管理从事农业活动。绿色植保的观念愈加突出，农药施用以及病虫害防治的经验丰富，具备农业全产业链的科学实践和探索观念。飞防装备、无人机等信息技术设备升级换代，造型轻便，操作也日趋简易，稳定性和持久性越来越高，大大减少了人力成本，减少劳作巡查的工作量，提高了工作效率。田间工作不仅设置有拖拉机、旋耕机、插秧机、撒肥机、植保机、收割机等各种稻麦全程机械化设备，还有利用太阳能充电的农田传感器，平均 5 到 10 分钟实施取样并传输土壤、空气、作物的实时数据。用于作物监测的智慧管理系统、采用地理信息系统技术的物联网设备，可以观测到种植园地理情况，实时了解最新大气温度、二氧化碳浓度、大气湿度等气象信息。还能通过传感器监测到土地湿度、土地温度等信息，从而为灌溉方案的制定提供参考。短短几十秒的时间，就可以完成土壤数据的采集。不同地块、不同农作物对氮、磷、钾等养分的需求各有不同，运用红外光谱仪和配套软件，就能够做到精准把脉、对症施肥。同时，企业致力于对农业机械设备的升级和更新，从原先需要人工实地操作到如今在后台遥控操作，实现节省人力而高效产出的运作。

2. 农业信息化销售方面

农村电商开启数字经济新业态，物流助力实现农业产业扶贫。2015 年 5 月，国务院办公厅印发《关于大力发展电子商务加快培育经济新动力的意见》指出，积极发展农村电子商务。同年 11 月，国务院办公厅印发《关于促进农村电子商务加快发展的指导意见》（以下简称《意见》），全面部署指导农村电子商务健康快速发展。《意见》指出，农村电子商务是转变农业发展方式的重要手段，是精准扶贫的重要载体。通过大众创业、万众创新，发挥市场机制作用，加快农村电子商务发展，把实体店与电商有机结合，使实体经济与互联网产生叠加效应，对于促消费、扩内需，推动农业升级、农村发展、农民增收具有重要意义。2016 年 11 月，国务院办公厅印发《关于支持返乡下乡人员创业创新促进农村一二三产业融合发展的意见》，送出了涵盖金融服务、财政税收、用地用电等"八大政策礼包"，为创业创新营造了良好氛围。2017 年 2 月，中共中央、国务院印发了《关于深入推进农业供给侧结构性改革加快培育农业农村发展新动能的若干意见》（2017 年中央 1 号文件），提出推进农村电商发展，指明了农村电商的发展方向，为农村电商发展提供了政策支持。文件指出：建立和完善县乡村三级电商服务体系，以"互联网+"整合农村电商资源，与相关工作相结合，赋予农村电商新内涵，要着力解决"痛点"问题，保障农民权益，方便农民生活。一系列政策的"组合拳"和"大礼包"为农村电商发展保驾护航，2022 年，全国农村网络零售额达 2.17 万亿元，同比增长 3.6%。全国农产品网络零售额 5 313.8 亿元，同比增长 9.2%，增速比 2021 年提升 7.3 个百分点。农村电商成为助力乡村振兴的重要手段。某集团物流领域负责人表示，物流平台不仅仅在其中发挥运输的作用，更是协助打通电商销售的"最后一公里"，解决分散农户集中销售问题，切实助力农产品销售带动农业生产繁荣发展。该集团在脱贫攻坚和抗击疫情期间，形成产业扶贫、消费扶贫和科技扶贫等特色扶贫模式，不仅体现在物流费用减免方面，更是围绕国家乡村振兴战略给贫困和受疫情影响地区切实带去社会关怀。该集团的信息化无人车更是抗击新冠疫情期间将第一批生活物资送入封闭隔离社区的载体，超越了传统意义上的农产品销售。平台对入驻农产品商户有严格的筛选和审核制度，保证在售商品货真价实，切实保障食品消费安全。在保障消费者隐私的前提下，对消费群体的消费需求、对农产品的使用感受会有一套反馈机制给入驻农产品商户，帮助其调整销售战略。此外，集团还实施"村村入户"的送达要求，覆盖二、三线城市，下沉乡村地区，保障基础农户的产品走得出去，需要的物品走得进来。

3. 农业信息化管理方面

我国施行的信息化手段助推管理水平建设不断完善，始终将保障农业从业者根本利益放在核心位置。我国为了实现农业产业持续健康协调发展，历经几轮机构改革，力求机构设置能科学指导农户及农企从事农业全过程。从 20 世纪 90 年代开始，农业部门根据国家对农业信息化的要求和部署，建立了一支从上到下的农业信息队伍，形成了从中央到地方农业部门，以农村信息员、农业龙头企业、农业生产经营大户和农村经纪人为一体的农业信息工作体系，为推进农业信息化快速发展提供了重要的组织保证。农业部门还利用信息技术开发了指挥调度卫星通信、农情调度、动物防疫、农业遥感和渔政指挥等信息系统，建立了产品质量追溯信息系统，开发了测土配方、病虫害防治、基本农田管理等信息系统，有力地促进了信息技术在农业中的应用；形成了一个由政府主导，科研院所、电信运营商、相关企业、宣传媒体等多方面参与的新型工作架构。农业部门联合社会力量，建设了"三电合一"信息服务平台和"12316"全国农业系统公益服务统一专用号码，为传播农业信息、推广农业科技以及农业信息化发展打下良好基础。

省农业农村厅作为农业主管部门为基础农户和小微企业提供必要的扶持政策和专项资金。银行为农业信息化建设投资项目的立项和审批提供保障，还设立农业信息技术发展、创新风险基金，社会也成立相关基金会和中小企业贷款担保机构保障社会资本和融资。相关部门仍在探索优化升级农业信息化新业态下农业合作的新模式。目前主推发展农业合作经济，成立由企业、农民和基层农业技术组织等法人牵头的合作社，目的是使农户在新发展的浪潮中不迷失、有保障。同时，省农业农村厅起到政策指导的作用，力求维护市场正常有序经营，并尽力保障广大农户拥有公平的发展权利。重视鼓励农村基础农户发挥主体意识，增强农业信息化方面的知识水平，将决策权掌握在农户自己手中。为了保障收入不流失，还引入职业经理人，农户则作为股东进行运作。助推家庭农场模式，带动基础劳动力就业，由于总体规模不大，便于控制成本，投入和产出基本稳定，从而利于基础农户规避风险。

4. 农业信息化服务方面

搭建乡村信息服务体系，提升科技成果转化率。早在 2006 年，我国在国家层面就已提出要推广先进适用信息技术，建设完善应用服务系统，促进农业增效、农民增收、农产品竞争力增强。可见我国对于借助农业信息化搭建乡村信息服务体系，提升科技成果转化率，推动实施乡村振兴战略作为"三农"工作总抓手一直有着谋篇布局与通盘考虑。

我国自 1999 年起实施科技特派员制度，在省、区、市选派具有专业理论、技术、工作经验、指导方法和管理能力的科技特派员深入农村第一线，下到田间地头实际帮助农民探索解决新时期"三农"问题。2013 年底的全国农业工作会议上，农业部部长指出，要抓紧完善"12316"信息服务体系，直接面向农民开展政策咨询、法律服务、市场信息、生产技术、病虫害防治、配方施肥、种养过程监控等全方位信息服务，解决信息服务"最后一公里"问题。近年来，中央出台了一系列重要文件进行部署安排，2012—2017 年连续 6 个中央 1 号文件对新型职业农民培育工作提出要求，2018 年我国新型职业农民已超过 1 400 万人。2020 年 3 月，农业农村部印发的《新型农业经营主体和服务主体高质量发展规划（2020—2022 年）》指出，到 2022 年，高素质农民培训普遍开展，线上线下培训融合发展，大力开展新型农业经营主体带头人培训。培育新型职业农民是乡村振兴战略的重要举措，是构建农业信息化服务体系的重要环节。充分发挥基础农户的主观能动性，从被动接受信息到主动获取与农业生产生活相关的资讯。信息化服务机构和科技特派员、农业技术推广员帮助他们做好前景分析，培养法律思维，形成社会责任意识。施行精准培育，逐渐形成满足不同层次培训需求的新型职业农民培育体系，分批分类教育，因材施教，提高针对性。通过现代青年农场主培养、新型农业经营主体带头人轮训、农村实用人才带头人培训和农业产业精准扶贫培训等计划，进一步提高新型职业农民培育工作的针对性、规范性、有效性，从而切实提高培训效率，最大程度地将农业知识转化为生产力。

不论是"云上智农"等由农业农村部主办、国内领先的农业综合服务平台，还是"农技耘""易农宝"等区域农业信息化手机软件的上线，信息为农服务能力持续增强，基于大数据、云计算和移动互联技术，聚集各类农业科技教育资源，为农民用户提供在线学习、专家问答、农业资讯、农技推广、农资农产品销售、农村金融等综合农业服务。而以先正达集团等为代表的农业企业具备国际视野，已经率先推行整套解决方案，将引领信息化服务进一步发展。

三、我国农业信息化发展存在的问题

（一）专业技术人员欠缺

要推进农业现代化技术普及以及智慧农业发展，完善的农业信息服务平台发挥着重要的作用，它可以解决我国当前因农业专业技术人员的短缺而导致的农业生产信息不完善的问题，并提升农业信息数据的价值。农业信息服务平台创建的目标应是解决在农业生产过程中出现的各种问题与特殊状况，但是因为信息服务系统自身数据收集比较困难、专业技术人员比较匮乏，导致农业信息服务平台存在各种缺陷，影响了农业信息服务平台在日常使用中的实用性与可靠性。而且大多数从事农业生产的工作者由于自身经济状况较差，在获取和收集有利于农业生产的信息时会感觉付出的成本与获得的收益并不是很对等，因此农民对于农业信息服务平台系统并没有太大的需求。

（二）农业信息化体系不完善

农业信息化技术作为一门新兴的交叉应用学科，在实际应用过程中还存在着众多的不科学与不合理的状况，对于该技术了解得不完善在一定程度上影响了其在农业生产中的实际应用。我国现有的农业生产体系中虽然有一部分已经实现了机械化生产，但是对于动态智能化和信息化生产的发展还是有很大的局限性。农业生产不同于具有有序性、重复性等特性的标准化、程序化的工业生产，农业生产受到环境、人为、生物等多方面因素的影响，这导致其具有不确定性、不规整性以及多变性，从而导致农业信息化发展无法做到通用性、同一性、普遍性、全面性。作为指导和服务农业生产的农业信息服务平台，如果收集到的信息不准确或是有不正确导向的虚假信息，不知情的农业工作者根据这些虚假信息从事生产，这将产生不可估量的损失。同样，与信息服务行业相关的政策与法律的不完善也是导致农业信息化建设发展缓慢的一个重要原因。

（三）信息化开发利用效率不高

农业信息化开发的低效率主要表现在农业信息范围较小，筛选技术不够先进，而大部分农村的可利用资源较为分散，部分有价值的资源使用性较低；一部分信息化网站虽然可以投入使用，但是存在一定的形式化问题，其中的有用信息较少，网站更新速度较慢，网站信息推广规模不大。

（四）农民对农业信息化的理解不够深刻

随着信息时代的到来，各类信息数据对于各行各业的发展都有着较大的影响，但是很多农民对于信息化的理解相对较浅，对于信息化建设的认知程度有待提升。想要解决这一问题，就需要各地政府加大农业信息化建设的宣传力度以及相关信息技术的推广力度，但是从实际情况来看，很多地区的政府对于信息化的宣传工作并没有做到位，使得农民对于信息化的认识不足。在这种情况下，农民对于信息化的主动追求意识相对薄弱，仍会倾向于发展传统农业，导致农业信息化建设受到阻碍。

第二节　国外农业信息化发展状况分析

在信息技术、互联网技术快速发展的过程中，世界农业正在朝着信息化的方向改进。由于工业化开始的时间比较早，经济发展水平比较高，为农业信息化的发展提供了资金、技术等方面的保障，因此与其他国家相比，发达国家的农业信息化水平是遥遥领先的。其中，比较突出的有美国和日本，德国虽然信息化起步较晚，但是发展迅速。考虑到这些国家的农业信息化已经取得了一定成就，究其原因离不开国家对农业信息化的重视，在国家的引导下，出台了相关法律法规、大力度的扶持政策，研发高科技信息技术并应用于农业，通过教育培训提高农民的个人科学涵养，建立多方位完整的信息服务机制。通过一项项措施逐渐形成一套适用自己国家的农业信息化体系，在这一过程中信息技术不断发展，科技水平不断提高。

一、美国农业信息化发展状况

美国农业信息化发展过程经历了三个不同的阶段，第一个阶段是 20 世纪 50 年代到 60 年代，期间政府和相关部门通过电视、电台、媒体广播等渠道开始向农民宣传大量的农业技术知识；第二个阶段是20世纪70年代到80年代，计算机的推广应用也进入了农业生产领域；第三个阶段是20世纪90年代至今，在全美农业计算机普及的大环境下，基本实现了农业生产自动化，农田水利调控、农产品管理加工自动化。时至今日，美国已经是当今世界农业信息化水平很高的大国，形成了一个效率高、力度大且行之有效的行政管理体系。联邦政府、各州、各市政府都着重于农业信息化工作的组织协调管理，以政府为主线，以五大信息机构为主线的三级（国家、地区和州）农业信息网初步形成，另外信息体制也逐渐完善，保障了农业信息的质量与安全。当前，计算机、互联网等技术已经广泛地渗入美国农业的各个环节和各大经营主体。

二、德国农业信息化发展状况

德国的农业信息化发展也是伴随着德国经济发展的，德国农业发展所需的基础设施较为发达，气候适宜、水资源丰富，但是土地资源和农业劳动力资源相对不足，在此条件下，德国依据农业资源现状提出了农业4.0，利用互联网、物联网、大数据等现代信息技术，实现农业生产、加工、营销服务及产业拓展等全产业链更高层次的集约化、协同化，从根本上解决德国农业资源的限制，最终实现农业产业智能化、精准化、高标准化，农民职业化、富庶化，农村生态化、城镇化。从整体上看，德国农业信息化在欧洲处于领先水平。

德国农业4.0实现了农业的智能化与精准化。在基础信息数据获取方面，拥有先进的遥感技术、地理信息系统和应用卫星系统，用于完成土地面积、自然环境等的数据采集、储存、分析、加工，土地资源的管理、规划，作物测产，为制定农业有关的补贴政策、土地利用规划和精准农业提供可靠的技术保证和数据支撑。德国的农业4.0不仅减少了大量人工，而且通过数据的实时采集与分析以及全产业链的实时监测与防控，实现了农业生产精准化，有效提高了农业生产率。

例如，软件供应商思爱普（SAP）公司推出的"数字农业"解决方案，能在电脑上实时显示多种生产信息，如某块土地上种植何种作物、作物接受光照强度如何、土壤中水分和肥料分布情况等，农民可据此优化生产，实现增产增收。柏林一家企业为小型农场主提供一套包括种植、饲养和经营在内的全程服务软件。该软件可以提供详细的土地信息、种植和饲养规划、实时监控以及经营咨询等服务。通过该软件，还可以方便地与企业合作伙伴取得联系，以便及时获取相应的服务协助。拜耳公司投资2亿欧元布局"数字农业"，已在60多个国家提供数字化解决方案，并发布相关品牌推广数字农业，通过识别系统高效识别和分析作物生长和病虫害信息，帮助农民优化田块单独管理和农田统筹。

三、日本农业信息化发展状况

在 20 世纪 50 年代，日本的农林水产省开始借助有线广播的渠道，在关西地区宣传农业信息，标志着日本农业进入信息化阶段，经过 10 多年的发展，广播电视技术不断进步，日本全国范围内均建立了电视广播信息播送系统（CATVS）。一直到 70 年代，随着日本经济的飞速发展，农业发展速度无法与之相配，为了解决这个问题，日本政府加大了对农业信息化的支持力度，以此来推动农业绿色化发展。20 世纪 90 年代，国际信息高速公路获得了飞速发展，在 1993 年，日本农林水产省推出了农业信息技术全国联机网络，让农民通过电脑、手机等设备随时随地处理农业信息。为了进一步推动农业信息化发展，提高农业的信息化服务水平，更好地迎接 21 世纪的挑战，日本政府制定了全新的农村信息化战略，明确指出要加大建设农村通信基础设施建设力度。在日本，农村计算机的普及率相当高，日本政府出台了类似于我国"农机补贴"的计算机购买补贴，将计算机视为农业生产中的"农机"加以大力推广；对高龄农民开发出适用于他们的操作系统，指派专门的技术人员进行培训，开展专门的培训班。在信息来源方面，日本有"农业技术信息服务全国联机网络"，通过互联网和公众电话网，为农民提供农业市场信息、天气实时监测、病虫害情况预报、可利用农业技术等信息。在农产品电子商务方面，以政府为主导，对农产品电子商务市场的建设和整备改建无偿投入一部分资金，并提供多种融资方式解决资金问题。同时，先进的信息化技术应用也为日本农产品电子商务市场建设提供技术保障。

第三章　农业信息化建设的理论基础

当今，在信息化浪潮席卷社会每一个角落的大环境下，农业信息化是农业发展的必然趋势，是解决"三农"问题和实现农业现代化的必由之路。而在农业信息化建设研究进程中，首先要对农业信息化建设的理论基础予以了解。

第一节　信息社会理论

一种观点认为，信息社会可以视为一种新的社会形态。社会正经历着源于信息技术快速发展的重大变革。信息技术对于这场社会变革，就像新能源对于工业革命，正改变着我们的社会，并逐渐延伸至社会的方方面面。此外，作为社会发展进程的必然趋势，人们正在进入信息化时代，信息化时代的诸多要素是围绕着网络构建而成的，网络则构成了新的社会形态，时刻改变着社会，因此，信息社会可以视为一种新的社会形态。

另一种观点认为，信息社会可以视为一种新的社会模式。信息技术变革催生出新的社会模式，即信息社会。信息社会模式具有显著特征，包括经济全球化、组织网络化、工作灵活性和职业多元化。

还有观点认为，信息社会构建新的社会时空。信息社会下，网络一定程度地改变了人们生活所需的物质基础，从而形成了一种流动的空间，能够把全世界的信息相互串联，这是一种特殊的时空形式。

同时，美国南加利福尼亚大学教授曼纽尔·卡斯特尔（Manuel Castells）依托新教伦理与资本主义精神的研究框架，对信息主义与信息主义精神进行深入研究，形成信息资本主义理论。卡斯特尔提出，信息和信息技术促成信息主义，信息主义能够产生资本主义社会结构化，形成信息资本主义，换言之，信息资本主义就是新时代的资本主义。

信息时代下，以往的社会机制已不再适应新的社会背景，信息产业飞速发展冲击着传统行业，就业压力扑面而来，人们依靠旧有的认知已不能继续享有社会安全感，因而人们需要寻找新的社会生活方式，在此过程中，社会将逐渐形成新的社会认同。

第二节　信息资源理论

一、信息资源的界定

信息是与物质、能量并列的，能够支撑人类社会发展的重要资源，这一定义早已为人们所认识，但有关信息资源的研究则是在 20 世纪 70 年代至 80 年代才逐渐兴起的，此后，以信息资源为标题的论著逐渐增多。国外有关信息资源的概念界定之中影响力最大的当数美国学者霍顿（Horton）提出的定义，他指出信息资源一词的单复数形式含义不同：当其作为单数时，其意为某种内容的来源；而当其为复数时，其意是指支持工具，包括供给、设备、环境、人员、资金等。我国对信息资源概念及其有关问题的研究始于 20 世纪 80 年代中期，信息资源一词广为人知，并引起人们重视始于 1984 年邓小平对《经济参考报》的一句著名题词——"开发信息资源，服务'四化'建设"。国内学者在借鉴国外有关信息资源定义的基础上倾向于将其作狭义和广义两种理解，如中国信息经济学会理事长乌家培指出：狭义的理解仅指信息内容本身，广义的理解指除信息内容本身外，还包括与其紧密相连的信息设备、信息人员、信息系统和信息网络等。不过乌家培教授也指出，即使是狭义的理解，信息资源也应包括信息载体，因为信息内容不能脱离信息载体而独立存在。其他学者对信息资源的理解基本上是在此基础上进行再次定义，与此定义异曲同工。

二、信息资源分布理论

关于信息资源分布情况的研究直接关系到信息资源的开发、管理和利用效率的提高。在此主要聚焦信息资源在地理分布上的非均衡性。人们经常发现在信息流的产生、传播和利用过程中，信息资源常常表现出明显的核心趋势和集中取向，从地理上来看，信息资源主要集中在发达国家和发达地区。这也被称之为信息资源分布中的"马太效应"，其结果就是导致"数字鸿沟"和信息分化。

（一）数字鸿沟

在数字鸿沟作为学术词汇正式出现之前，已经有类似的说法被提出。在1970年，著名的大众传播效果理论知识沟假说由明尼苏达大学的研究小组提出，认为当大众传播信息量增加时，不同社会、经济地位人群的知识差距也会扩大。

1990年，社会思想家阿尔文·托夫勒（Alvin Toffler）在对"信息沟壑"进行阐述时，提出了电子鸿沟的概念，使得数字鸿沟问题进一步走进大众的视线。托夫勒发现，越来越多的文化技能和工作知识正通过大众媒介进行传播，而一些人群由于媒介使用技能受限，无法通过大众媒介获取知识，主动或被动地成为"低层阶级"，而且由于新媒介系统的扩展，低层阶级与主流社会的文化分歧实际上加大了。

而数字鸿沟从何时起被正式提出，学界有不同的观点。目前，被广泛接受的说法认为，数字鸿沟一词起源于20世纪90年代中期劳埃德·莫里斯特（Lloyd Morrisett）对信息获取的不平等现象的认识，他发现在个人计算机和互联网技术面世后，社会上出现了"信息富人"和"信息穷人"，而数字鸿沟则表现为对它们之间所存在的鸿沟的认识。

随着有关数字鸿沟研究数量的上升，这一专业词汇开始出现在各种学术论文和专著中，但是有关它们的定义却是众说纷纭，各行各业并未就概念的定义和测量方法达成共识，这为数字鸿沟现象的研究带来了一定的困难。在这种情况下，对数字鸿沟的相关定义进行阐释、明确相关概念是必要的，唯有明确概念定义，才能在此基础上对研究结果进行比较和探讨。

在众多的数字鸿沟定义中，比较有代表性的是美国商务部的界定，他们将不同群体由于信息技术掌握不同所导致的差异称为数字鸿沟。除国外对数字鸿沟的概念界定之外，国内学者也对数字鸿沟进行了概念的界定。经济学家胡鞍钢认为数字鸿沟是由于互联网在全世界推广的过程中，呈现出了"极不平衡的扩张"，导致国与国之间、地区与地区之间出现了差距。

（二）信息分化

信息分化观念的形成由来已久。远在古代的一些知识分子就初步了解到信息富有与信息匮乏给人的行动带来的影响，以及由此造成的行为差别。

作为现代含义的信息分化观念的萌发阶段是20世纪20年代至40年代。这一时间，由于科学技术的发展，人们对信息的认识开始深化，关于信息分化观念也开始萌发。1948年美国科学家克劳德·香农（Claude Shannon）创立了信息论，美国数学家诺伯特·维纳（Norbert Wiener）创立了控制论，他们都对信息开展了研究，这其中也包含了信息分化观念。

作为现代含义的信息分化观念的初步形成是 20 世纪 70 年代至 90 年代。这一时间，由于信息技术的迅猛发展，信息在社会中的价值和作用日益凸显，人们的信息资源意识和信息财富意识开始建立，人们的信息分化观念开始初步形成。具有代表性的人物和观念如下。

①美国社会科学家丹尼尔·贝尔（Daniel Bell），1976 年他出版了代表作《后工业社会的来临》，在书中他深刻认识到信息对社会发展的重要作用和对社会结构的重要影响。

②美国未来科学家阿尔文·托夫勒，出版了著名的"未来三部曲"，即《未来冲击》《第三次浪潮》《权利的转移》。在这些著作中，托夫勒同样表现出一种较强的信息分化观念。

③美国未来科学家约翰·奈斯比特（John Naisbitt），他在 1982 年出版了《大趋势——改变我们生活的十个新方向》，在他的"趋势系列"著作中，奈斯比特界定了信息社会的含义，提出了人类向信息社会过渡的一些关键问题。

作为现代含义的信息分化观念的正式形成是 20 世纪 90 年代至今。20 世纪 90 年代中期以来，由于互联网的商业利用和社会信息化的加速发展，信息成了一种真正的资源和财富。但是人们发现这种资源和财富并非平均分布和平均分配的，这个世界中既有信息的富有者，也有信息的贫乏者，他们之间存在巨大的信息鸿沟。于是，他们开始对信息分化问题进行思考，从而正式形成了现代含义的信息分化观念。信息分化观念的正式形成改变了人们为信息和信息社会唱赞歌的局面，从而开始关注当今社会存在的"数字鸿沟""信息差距""信息鸿沟"等社会问题。

信息分化是在历史形成的客观性基础上通过社会建构的主观能动性发展起来的。社会建构的基本思想是，一种社会现象之所以存在，不仅是因为它的客观性，而且还因为它的主观性。社会建构主义思想十分强调社会现象的主观性和过程性，认为一种社会现象在很大程度上是人们主观定义的结果，是社会建构的结果。按照这样一种学术思想，我们可以认为信息分化有其产生的客观性，而信息分化的问题在今天之所以备受人们的关注，社会建构确实起到了非常重要的作用，主要体现在以下几个方面。

一是官方机构关于信息分化问题的建构。在信息分化问题的社会建构中，官方机构起了很重要的作用，他们通过多种途径对信息分化表示了密切的关注，从而把信息分化问题建构成了一个普遍存在而影响广泛的社会问题。

二是专家学者关于信息分化问题的建构。专家学者对社会问题的建构主要是通过其对社会问题的有关研究活动及其研究成果来引起人们对某一社会问题的高度重视，他们的一篇学术论文、一部学术著作、一次重要的学术报告，都会对信息分化问题的社会建构起到重要的推进作用。

三是传播媒介关于信息分化问题的建构。传播媒介关于信息分化问题的建构，主要是通过对信息分化现象的广为传播来实现的。首先，传播媒介把有关信息分化的情况传达给广大社会公众，使其得到社会公众的关注；其次，传播媒介在客观报道信息分化现象的同时，还增加了某些主观认识，从而引导人们对信息分化现象认识不断深化；最后，传播媒介还将官方和学者专家对信息分化问题的认识和研究进行广泛的传播，从而更进一步强化了人们把信息分化作为一种社会问题认识的可能。

第三节　信息市场理论

20 世纪 70 年代起，美国经济学家就开始了对柠檬市场理论的研究，柠檬市场理论是一种用于探究市场失灵的模型，该理论的提出意味着信息经济学开始进入快速发展阶段。1971 年，信息经济学被正式提出，其后信息经济学又被细分为宏观信息经济学和微观信息经济学两个领域。信息市场理论起源于信息经济学，是研究农业信息化的重要理论依据，随着目前对农业信息化研究的不断深入，信息市场理论的发展也在不断加快的进程中。

目前，信息市场理论主要有两个重要的研究方向，一是信息如何影响市场价格；二是信息市场中产权界定问题。在第一个研究方向中，主要探究信息影响价格的方式和结果，以柠檬市场为例，由于存在信息不对称的情况，因此买家和卖家在二手车中的行为是不透明的，信息在其中就显得尤为重要，信息的透明度可以很明显地左右市场价格，而如何提高信息透明度就成了一个重要的研究议题。在第二个研究方向中，主要涉及了产权界定及如何保护产权的情况。科斯定理表明，如果产权是明确的，那么市场就是有效率的，而如何保证产权明确就是一个值得研究的问题。因此，对于信息市场理论还有大量有待探究的地方，在此主要从供需平衡的角度进行介绍。

一、信息需求

首先探讨信息的需求，需求和供给是最重要的两个因素，所谓信息需求，就是人们对信息的需要程度，存在于人们生产生活的方方面面。由于信息需求是人民需求的一部分，因此其满足需求的两个条件，一是消费者要有购买意愿；二是消费者具有购买能力。这两个条件是缺一不可的，当消费者具有购买意愿和购买能力时，信息就体现出了其实用价值。对于农业信息化的建设，需要大范围探索人们的信息需求，构建信息消费网络，使优质信息可以在更好的平台上进行传播，从而拉动人民群众对信息需求的增长，促进农业信息化的建设。

二、信息供给

与需求对应的，信息的供给对于用户来说起到了至关重要的作用，如果仅仅存在需求而不能存在满足信息需求的供给，则说明信息化的建设存在严重不足。与信息需求类似，信息供给也有两个必要条件，一是具有出售意愿；二是具有出售能力。这两个条件缺一不可，是构成信息供给的必然要素。

在现实生活中，影响信息供给的因素是多方面的，如信息处理能力、传播介质质量等，都可能会影响信息的供给。除此之外，优质信息的辨别、提高优质信息的提供质量和能力、减少劣质信息的传播等，对于促进信息供给、提高供给能力都具有十分重要的作用。

三、信息市场均衡

信息市场的均衡对信息市场的良好发展至关重要，因此需要对价格进行调整。当信息需求大于供给时，会使信息需求得不到满足，导致信息价格上升，反之信息价格就会下降。因此，对于信息市场的调控至关重要，当价格过低或过高时，会反映到正常的现实生活中，不利于经济稳定发展。

第四节　信息传播理论

1948年，美国政治学家哈罗德·拉斯韦尔（Harold Lasswell）提出了"5W"模式，即谁（who）、说了什么（say what）、通过什么渠道（in which effect）、对谁（to whom）、产生了什么效果（with what effect）；其中，"谁"提出了对信息的控制问题；"通过什么渠道"是对媒介进行分析研究；"对谁"是对受众的分析研究。同年，诺伯特·维纳在《控制论》中提出了传播的统计基础和反馈两个概念。在此基础上，克劳德·香农和美国数学家沃伦·韦弗（Warren Weaver）在《传播的数学理论》中提出了一般传播系统简图，之后由此衍生出了许多其他传播模式，在这一模式中，信源从一组信息中挑选一条进行传播；发射器将信息转变为信号以适合传播渠道使用，渠道是将信息从发射器传送到接收器的中介；接收器所做的是与发射器相反的工作，将信号重新恢复成信息；信宿是信息想要传达到的人或物。

同时香农和韦弗还指出，信号是由熵与冗余所构成的概念，认为当抵消渠道中噪声的时候，熵与冗余就必须平衡以实现信息有效的传递，而利用冗余来克服渠道中的噪声，在一定时期内可传递的信息量也将会下降。

1954年，美国传播学者奥斯古德（Osgood）把香农模式变成他所称的一个既能发射信息又能接收信息的"传播单位"：奥斯古德强调传播的社会本质，将信息界定为某个信源单位的全部输出，这些输出又可以是某个信宿的全部输入。也是同年，美国传播学者威尔伯·施拉姆（Wilbur Schramm）受到奥斯古德的启发，提出了施拉姆模式，如图3-1所示，将传播看作两个编码、解释、解码、传送和接收信号的部分互动，强调了共享信息的连续循环和反馈。

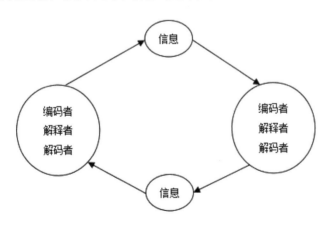

图 3-1　施拉姆模式

1953年，社会心理学家纽科姆（Newcomb）提出了A-B-X模式，如图3-2所示。在这个最简单的传播模式中，一个人（A）将有关某事（X）的信息传达给另一个人（B），这个模式假定A对B的态度与A对X的态度是相互依赖的，A、

B、X 三者组成一个由四个倾向构成的系统。纽科姆模式为 1975 年美国传播学者韦斯特利（Westley）和麦克莱恩（Maclean）提出的模式奠定了基础，这种模式在纽科姆模式的基础上增加了大量的事件、概念、物体和时间，A 与 B 之间增加了角色 C，并提供了反馈。但可以看出，无论哪种传播模式，要实现传播必须具备四个最基本的条件，即传播者、信息、媒介和受众。

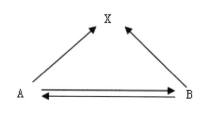

图 3-2　纽科姆 A-B-X 模式

第五节　信息管理理论

信息管理，顾名思义，是对信息活动中所产生的所有信息进行收集、存储、整合、分析、传递。既包括了参与其中的人员，也包括了各种物质。信息管理，需要对这些产生的信息进行科学有效的控制，协调他们之间的关系，并且进行资源分配。农业信息化也需要进行信息管理，也就是将农业生产链所涉及的信息整合分析，通过现在先进的网络信息传递技术，将农业生产各个部门所需要的信息发送过去，避免信息的时效性过期造成的损失。对于想要从事农业的投资者和创业者来说，农业信息管理所掌握的信息是首先需要考虑的因素。我国的农业信息管理系统也就是中国农业网已经基本完善，能够做到将信息传递给有需求的商户和企业。同时一些重要的机密信息都被国家所掌握，并不会流传于网络之中，造成信息的泄露。国家也会根据信息管理系统对从事相关行业的人员进行管理，调控市场，发布政策等，保证市场的平稳。虽然目前我国的信息管理系统距离发达国家仍有一定的差距，但已经发挥了极大的作用。

第六节　信息生产力理论

20 世纪 20 年代起，信息技术开始了广泛而深入的发展，从而大大促进了信息生产力理论的产生。到了 20 世纪 80 年代，信息社会理论由美国学者阿尔文·托夫勒和约翰·奈斯比特首次提出，人类开始进入信息社会。进一步的，到了 1993 年，美国提出了信息高速公路的概念，人类的信息发展如同驶入高速公路一样，进入快速发展的阶段。21 世纪以来，信息生产力在所有生产力中占据了主导地位，在理论研究方面，对信息生产力也提出了下列基本观点。

一、信息本身就是生产力

信息是重要的生产力要素，当信息与其他要素进行组合后，所产生的能量是十分巨大的，可以促进经济社会的快速发展。

（一）信息可以发展劳动者的生产力

信息的大量使用可以使人们的日常生活变得更加智能和便捷，特别是对广大的劳动者来说，信息的使用可以大大解放和发展人的生产力，提高效率。一方面，在对信息进行合理的使用后，劳动者可以更好地进行劳动，如农民可以使用信息技术获取最新的农业技术知识，获取一手的农产品价格播报，更好地进行农业产业结构的调整，促进农业效率的提升，进行更加科学的决策。另一方面，农民还可以解放自己的双手，减少机会成本，促进农民增收。

（二）信息化可以增强劳动者管理能力

劳动者管理能力的提升不仅体现在农业产出效率上，还体现在农业管理方法上，信息化可以大大促进新型管理技术深入农民群体当中，促进农业管理水平的提高，不断提升管理能力，进一步提高农业生产生活效率。

（三）信息可以与知识相互促进

信息与知识是相辅相成，共同发展的，信息技术的提升可以促进知识更好地传播，而先进知识的传播也有利于信息的进一步发展。从这个角度来说，信息对人们获取知识至关重要，是人们获取知识的重要途径。

一方面，知识是不断积累和总结出来的，需要进行信息传播；另一方面，信息的传播也促进了知识的推广，不同地区间的知识相互碰撞更有利于信息化的发展。知识可以驱动经济增长。经济学领域中有一个名词叫"干中学"，意味着在人们的日常生产生活中可以总结经验知识，当把这些经验知识应用到日常生产生活中可以大大提升效率，从而促进经济增长。

二、信息生产力具有倍乘效应

公共物品在经济学中的定义是具有非竞争性和排他性的产品，由于信息的特殊性质，其有时也被分配到公共物品的领域。众所周知，信息在网上的传播大部分情况并不需要支付特定的价格，因此十分符合公共物品的定义。而由于信息传播速度较快，受众较广，因此具有倍乘效应。

信息的倍乘效应主要体现在其便捷的传播性上。随着信息基础设施的大力建设和各种通信终端的不断发展，人们获取信息和传播信息的途径越来越便捷，这也为信息传播带来了一定的促进作用。而由于信息具有倍乘效应，因此可能会导致好消息放大多倍、坏消息也放大多倍的现象，甚至还会出现造谣成本下降、造成一定社会影响的情况。信息的倍乘效应主要原因在于人不是一个单独的个体，而是互相联系、互相沟通的，现阶段各种群聊和网站论坛等新兴沟通方式不断产生，增强了信息的倍乘效应，降低了信息传播的难度，因此信息倍乘效应处在不断增加的过程中。

第四章　农业信息化建设的关键技术

农业信息化技术是我们国家农业现代化的重要组成部分，对促进农业的可持续发展、保持经济社会长治久安具有重要的作用。

第一节　3S 技术

一、3S 技术概述

3S 技术是获取、管理、分析和应用地理空间信息的现代技术的总称，主要包括 RS 技术、GIS 技术和 GPS 技术，简称 3S 技术。3S 技术以其独特的优势在地质地貌、气象、水文、植被、人文等方面广泛应用。

（一）RS 技术

RS 技术即遥感技术的简称，是利用装在航空器（如飞机、高空气球）或航天器（如人造卫星）的光学或电子设备，接收来自地球表面不同物体的电磁波信息，并对这些信息进行收集、扫描和处理，生成可被识别的影像，进而进行远距离感知的地理信息技术。

1.RS 技术的原理

遥感，是一种非接触的、远距离的探测技术。一般运用传感器 / 遥感器对物体的电磁波辐射、反射特性进行探测。任意地物都具有三大属性，即物体的空间属性、辐射特性和光谱特性，因此遥感在一定程度上就是获取、传输、接收、再现、分析和识别这几种反应物体特征的信息，并实现对目标进行了解和认知的目的。遥感实现了对观测事物距离和光谱两个维度上的延伸，极大地扩展了人们感知和认识能力，实现了人们在认识论上的一次飞跃。

遥感系统是由遥感器、遥感平台、信息传输设备、接收装置以及图像处理设备等组成的。遥感器是遥感系统的重要设备，它可以是照相机、多光谱扫描仪、微波辐射计或合成孔径雷达等，一般搭载在遥感平台上。飞行器和地面之间的信息传递依赖于信息传输设备，图像处理设备对地面接收到的遥感图像信息进行处理（几何校正、滤波等），以获取反映地物性质和状态的信息。图像处理设备可分为模拟图像处理设备和数字图像处理设备两类，现代常用的是后一类。最终判释人员通过判释和成图设备对经过处理的影像信息进行判读，并进一步用计算机光学仪器进行分析，辨别特征，对比典型地物特征，从而识别目标。地面目标特征测试设备测试典型地物的波谱特征，为判释目标提供依据。

2. RS 技术的特征

RS 技术特点非常明显，这就意味着相关技术人员必须进行集中分析和数据采集。

首先，调查区域具有明显的特征。在实际的测量过程中，卫星图像可以综合捕捉 3.4 万平方千米的地球表面，也就是说，500 多幅卫星图像可以综合测量我国的地表面积。RS 技术的范围可以从时间节点的角度来分析，气象卫星可以在一天内拍摄两张全角度的远程地球侦察照片，在最短的时间内捕获和分析大规模的突发事件。

其次，整体特征明显。在实际的综合技术测量过程中，RS 技术可以进行多维度、多方位的分析，建立全面的信息收集网络，确保可以创建更有效的抗干扰结构，对相关数据进行全面分类，并将其整合到数据和信息传递的过程中，从而确保额外的调查措施更加科学合理，减少人为因素的影响。在利用 RS 技术时，可以利用卫星进行遥感，确保能满足实际管理要求；提高测量数据的完整性和有效性，建立科学合理的数据采集和适配结构，在抗干扰项目的准备和实施中充分利用辅助检测措施的实际影响；结合调查网络对相关数据进行粗放处理和结构性更新。

3. RS 技术的发展

RS 技术是以航空摄影技术为基础，在 20 世纪 60 年代初发展起来的一门新兴技术。1858 年世界上第一张航空影像获得后，出现的航片判读技术是现代 RS 技术的雏形。但由于技术的限制，整个 20 世纪 RS 技术发展都十分缓慢。只是在航片几何处理上有较为理想的突破，航空摄影测量理论和光学机械模拟测图仪器发展到了比较完善的地步。

世界上第一颗人造地球卫星于1956年成功发射，是RS技术兴起的标志。随后通过对回收的卫星影像进行研究分析，发现卫星影像拍摄范围大、效率高，并且观测周期很短，可重复进行，在地表动态监测中有很好的发展空间。也发现了在地面或近距离无法观测到的宏观自然现象，在这一阶段传感器技术发展迅速，出现了多光谱扫描仪，红外热传感器和雷达成像仪等，这使得获取信息所利用的电磁波谱的波长范围大大拓展，显示信息的功能增强。一些传感器的工作能力能够达到全天候、全日时；并且获取图像的方式更适应现代数据的传输和处理的要求。此后，计算机技术的发展和应用使海量的卫星影像数据的处理、存储和检索快速而有效，尤其是在图像的压缩变换、复原、增强和信息提取方面更显示了其优越性。这样就大大突破了原先航片目视判读的瓶颈，遥感一词也顺势而生。

战争会推动技术的发展，RS技术于第二次世界大战期间发展迅速进而趋于成熟。美国于1972年发射了第一颗地球资源卫星（ERTS-1），后改称陆地卫星（Landsat），该卫星上载有多光谱扫描仪（MSS）和多光谱电视摄像仪（RBV），地面分辨率达到80米。

Landsat-8卫星于2013年2月发射入轨，其携带的陆地成像仪（OLI）能够获得15米分辨率的全色数据。我国于1986年启动了"资源"系列遥感卫星的研制，这是中国传输型遥感卫星的起点，多年来共发射了"资源一号""资源二号"和"资源三号"3个系列，积累了大量航天遥感数据。1999年发射的"资源一号01星"CCD相机空间分辨率19.5米，幅宽113千米；2012年发射的"资源三号"的正视相机分辨率为2.08米，幅宽51.1千米。

第三代遥感卫星在空间分辨率、时间分辨率和光谱分辨率上获得重大进步，对地成像空间分辨率达到亚米级，时间分辨率达到每天多次重访，光谱分辨率达到纳米级。对地成像更为精细，获取的数据量呈爆炸式增长，也可称之为精细观测时代。比较有代表性的第三代遥感卫星系统有美国于2014年8月发射入轨的Worldview-3卫星，可见光图像空间分辨率达0.31米；我国于2014年8月发射入轨的"高分二号"卫星，能够获取全色分辨率0.8米、多光谱分辨率3.2米的图像数据；2016年8月发射入轨的"高分三号"卫星，工作于C频段，能够获取1米分辨率的遥感图像；2019年11月发射入轨的"高分七号"卫星，可以获取亚米级立体影像。而未来发展中的第四代遥感卫星，将以精细观测、智能处理、协同互联、高时效应用为主要特征，具备更高的时效性、精确性和泛在性。随着中央处理器、存储器、人工智能芯片、高速通信等技术进步，在轨遥感卫星方面

41

获得更多发展可能性。将复杂的地面处理设施所承担的功能部分"搬移"到卫星上去，在空间实现数据预处理、特征识别等技术正在受到越来越多国家的关注，并投入大量资源进行开发研究。也可以说，美国、俄罗斯、欧洲等关于未来遥感卫星的发展竞争，正在由单纯地追求分辨率、精确性等向追求在轨快速处理、智能处理等方向转变。

4. RS 技术的功能

RS 技术的主要功能是获取信息，与传统的实地调查手段相比，RS 技术可以快速大范围地探测和获取地表事象分布信息，可以帮助分析事象之间的联系，具有周期短、受地面限制少、获取信息量大等优势。借助这项技术，可以实现对地物信息的实时、动态监测。同时，RS 技术在植被、水文、气象、地质以及防灾减灾等方面都有着广泛的应用。

（二）GIS 技术

1. GIS 的定义

GIS 是 geographic information system 的缩写，中文全称是地理信息系统，又称地学信息系统。其在本质上属于一种空间信息应用系统，主要就是通过对信息化技术的应用来更好地实现对于地理信息的精准化采集，在对这部分数据信息展开系统化整理后，就要对其展开科学分析，这样就可以更好地发挥出地理空间所具备的实际作用，针对建筑物建设等多方面内容来提供更加科学合理的指导。而站在 GIS 技术的角度来看，其中还涉及了各类学科之间的融合应用，如测绘学、信息学以及地理学等多种内容，通过构建地理空间模型等方式，可以对地理空间涉及的各类要素进行更加直观的展示，保证用户能够获取到价值更高的数据信息，以此来制定科学性更高的决策内容。GIS 技术还可以通过将表格进行转化的方式，将各大地理数据信息作为基础，将其转变成对应的地图，用户就可以更好地完成分析工作与观测工作，针对地理空间当中存在的各类地理信息，还要采用具体应用的方式来实现对于各类信息的合理布置，在开展农业信息化工作的实际过程中，通过对于 GIS 技术的合理应用，就可以将数据信息作为基础内容，引导相关工作人员来对这部分内容展开系统化的分析汇总，通过计算机软件的应用来完成更加科学的计算，这样就可以实现更加精准的对接。

2. GIS 的构成

GIS 主要由五部分组成：计算机硬件系统，计算机软件系统，空间数据、系统的组织和使用维护人员、应用模型。最为重要的是计算机硬件、软件系统，为 GIS 的运作提供操作平台与技术支持；空间数据反映着 GIS 需要收集与处理的信息；系统的组织和使用维护人员决定了 GIS 运作的工作方法与模式；应用模型提供了 GIS 解决问题的方法。

计算机硬件系统是指组成计算机的各种实际物理设备，包括运算器、控制器、存储器、输入设备和输出设备。

计算机软件系统是指支持 GIS 技术运行的各种程序、数据及相关的文档资料。

空间数据是 GIS 需要分析与处理的对象，是结论显示的重要依据。它一般包括空间数据信息的地理坐标，地理实体之间空间拓扑关系及属性数据。通常，它们以一定的逻辑结构存放在空间数据库中，空间数据来源比较复杂，随着研究对象不同、范围不同、类型不同，可采用不同的空间数据结构和编码方法，其目的就是更好地管理和分析空间数据。

系统的组织和使用维护人员是 GIS 的操作主体，其中包含地理信息系统方面的应用型人才、熟练操作计算机的技术型人才和了解该系统的维护型人才。

应用模型是在对专业领域的具体对象与过程进行大量研究的基础上总结出的规律表示，GIS 可利用这些模型对大量的空间数据进行分析，以此来解决实际中出现的问题。

3. GIS 的功能

（1）数据的采集与处理

数据是 GIS 的基础，几乎所有 GIS 运用的基础都离不开数据。对 GIS 数据的测量主要有四种方式，分别是定类变量、定序变量、定距变量和定比变量。定类变量，即指出类别的变量，通常只有分类没有数值，更不能比较大小。最常见的定类变量就是"性别"，无论是"男""女"，都只能表示事物的类别，就像"水果"和"蔬菜"一样，把这类数据相加减或是相乘除都没有任何意义。定序变量，即含有顺序的变量，此种变量可能有数值，如比赛的排名，或是年级，但这些数字只表示顺序并没有数学意义，也就是说依然不可以进行加减乘除等运算。定距变量，即两个值的差有数学意义并且可以比较。定比变量与定距变量十分类似，最大的差距就是定比变量有绝对的"0 点"，并且"0"的含义是没有和不存在，这与定距变量中设置的"0"是有一定区别的。在测量级别上，最高的是定比变量，其次是定距变量和定序变量，最低的是定类变量。等级高的变量含有更多的信息，也可以向等级低的变量转换，但是反之，等级较低的却不含有向等级较高的变量转换的信息。

数据采集主要是指将 GIS 基础数据源，如 GPS 数据、地图数据、统计资料和野外测量数据等导入 GIS 并转换成系统可处理的数字资料的过程。在数据收集时需考虑以下三个方面的因素：一是考虑系统功能需求是否能够得到满足；二是避免陌生数据源，优先选择经过实践检验或有使用经验的数据源；三是考虑运用 GIS 时需要数据的可得性与成本因素，避免数据成本支出过大。

数据的处理过程：一是几何纠正，扫描得到的地形图数据和遥感数据往往存在变形，使用前需要进行纠正处理，纠正方法可以采用四点纠正法。而对于遥感影像的纠正一般选用和遥感影像比例尺相近的地形图或正射影像图作为变换标准，选用合适的变换函数，分别在要纠正的遥感影像和标准地形图或正射影像图上采集同名地物点。二是坐标转换，建立两个空间参考系之间点的一一对应关系。投影转换是坐标转换中常用的一种工具，利用投影公式的正向和反向算法，在已知两个空间坐标系的投影参数的前提下，得到两个坐标系中位置的对应坐标。三是拓扑生成，建立点、线、面之间的拓扑关系。四是对空间数据进行质量评价与控制。

（2）空间分析

空间分析是 GIS 的核心功能，是以空间数据为处理对象，以地理学、统计学原理为依托，基于地理对象的位置和形态特征的数据分析技术。利用空间分析方法不但可以查询空间信息，还可以通过空间关系揭示事物间更深刻的内在规律和特征，因此，人们也逐渐由"去哪里""怎么去"等基本的空间分析问题，转向更加关心所处位置与周围环境的关系。ArcGIS 软件提供的空间分析工具包括条件分析、密度分析、距离分析和地图代数等。GIS 空间分析研究对象的数据类型为矢量数据和栅格数据。矢量数据在 GIS 之中主要由几何形状组成，包括点、线和多边形，其优势在于可以较为精确地表达不规则区域，如海洋和大陆的形状和轮廓，结构较为干净，数据没有冗余，占用的储存空间较小，对处理数据设备硬件的要求较低。矢量数据有一个很大的优势在于存储拓扑结构，拓扑可以帮助探测数据中存在的不合理的交叉、空缺等，所以可以说是非常重要的结构之一。但是，另一方面，矢量数据的精确性也同时意味着基础数据的矢量化是十分复杂而需要大量精力的，相较而言，栅格数据在逻辑上则更为清晰和简单，可以简便地实现数据之间的叠加。矢量数据空间分析步骤主要为数据提取、数据叠加、邻域分析、统计分析和网络分析等。栅格数据结构则是以像素格，也就是栅格为基础的。每个栅格会储存相关的数值，并且连成一个完整的平面。栅格数据的最大优势在于叠加，相对应的栅格也可以进行数值的加减乘除。但是栅格数据不能存储拓扑结构，同时由于数据结构比较简单因而相对不如矢量数据灵活。同时，因为栅格在形状表达上的局限性，栅格数据在表现某块区域的时候也不如矢量数据那样精确，若是一块边沿形状弯曲多、不规则的大陆，栅格数据结构对于这块大陆的表现受到栅格本身严整正方形的局限，就自然会有很多不准确的地方。栅格数据空间分析步骤和矢量数据分析一致，但栅格数据还可以进行密度分析和插值分析，能够应用于如人口分布预测、对道路交通事故多发的区域和事故严重程度较高的区域进行鉴别、模拟工业区碳排放强度空间格局演变等多个领域。

4. GIS技术的特点

（1）开放性

这里是指GIS技术操作环境和数据处理方式的开放性。GIS技术可与多种数据库相连。ArcGIS软件10.2版本支持Orade、Postgre SQL、SQL Server、Teradata等数据库；GIS技术还支持多种数据格式的转换，如Excel、JSON、KML等格式；GIS技术可外接多种设备进行操作，如ERP、OA等。

在ArcGIS软件中"文件—添加数据—数据库连接—添加数据库连接"可选择多种多样的数据库类型。ArcGIS软件10.2版本可添加8种类型的数据库信息，并且以数据集、图层和结果的形式呈现出来。同时，ArcGIS软件在协助审计工作时还可与现场审计实施系统相结合，现场审计实施系统中获取的数据在ArcGIS软件工具箱的"转换工具"中可以GIS的形式得以呈现。

（2）先进性

GIS技术结合了GPS定位技术、RS技术、空间信息处理技术、数据库处理技术。GIS技术支持以"地图包"形式的图层共享，实现线上远程对地图信息的处理和查询；其强大的输出功能可直接打印报表、图表和地图图层；也可添加动态文本，如时间、用户、作者等信息；它的联网功能不仅可以构建云端综合数据库，还可更新道路上的交通事故与流量数据。该技术不仅拥有精确的测量功能，还具备路线设计功能和相关运算工具；还可帮助使用人员进行现场勘查工作，为决策和管理提供可靠的依据。同时，与传统地图和其他智能地图软件相比，GIS技术中呈现的地图分辨率高，省级地图的比例尺达到1∶10000或1∶5000，市级地图比例尺达到1∶1000或1∶500，并且可将不同要素单独显示。

（3）发展性

这里的发展性是指在借助GIS技术处理空间信息时，可与其他技术和系统相衔接共同使用分析。同时，GIS技术可推动土地利用规划、国民经济与社会发展总体规划、环境与生态保护规划及其他专项规划等进行整合，形成"多规合一"

的局面。在 GIS 技术的支持下，该整合模式可对各规划涉及的空间要素及非空间要素进行综合处理与分析，形成综合数据库，GIS 技术的发展前景不容小觑。

5. GIS 技术的应用领域

（1）资源管理

城市中所有类型的公共设施、应急物资的分配，国家能源安全、粮食供应的分配以及不同地点的机构设置都是资源分配的问题。GIS 技术在这类应用中的目标是确保最合理的资源分配和最大的收益。GIS 技术能够高效解决土地信息的城市规划和管理问题，以及土地和地籍管理中存在的诸如自然资源分布情况的调研、土地信息确权和土地规划用途的监管等难题；传统的林业资源管理方式存在问题，如更新数据有难度、缺乏空间分布信息的实时监测数据、需要大量劳动力和数据传输的问题，利用 GIS 技术强大的数据处理和图形分析功能也能够有效地管理林业资源；还可以利用 GIS 技术记录农田中农业机械的地理坐标，以便更好地了解田间作业和机器性能的空间变异成本。

（2）区域规划

将 GIS 技术运用于区域规划中，能够为规划人员提供可操作性强的技术工具和及时准确的数据服务。区域规划的主要内容是城市规划和管理，利用 GIS 技术可以实现对人口数据、道路交通规划、土地利用、公共设施配置等多个方面地理信息的分析，帮助决策者评估不同的规划方案，是提升城市区域规划建设的科学性和前瞻性的重要工具。

（3）商业与市场

一是门店拓展的选址及门店网点的布局优化，门店网点设立时需要充分考量所在地区的市场潜力。对市场潜力的考量包括以下方面：同业竞争对手的位置、周边人口密度和居民收入情况、门店与周围商业设施之间的相互关系和影响。大量的数据需要构建合适的分析模型，否则难以运用。GIS 技术的空间分析和数据库功能在收集基础调研数据的基础上构建某种或者多种模型来解决这些问题。

二是物流行业中也可以利用 GIS 技术进行决策和分析，GIS 技术的空间分析和统计功能可以科学地规划物流配送路线，也可以与物联网技术相结合，实现对物流车辆的全流程监控，以降低运输风险。

（三）GPS 技术

1. GPS 技术概述

全球定位系统（global positioning system，GPS），是美国从 20 世纪 70 年代

开始研制的一款卫星导航系统。GPS 技术能在全球范围内给目标物体提供定位、定速、定时服务。GPS 技术在当时用于军事领域的很多成功案例极大促进了其他国家研究卫星定位系统的热情，推进了空间学和运动学的发展。

GPS 技术由地面监控部分、空间部分和用户部分三部分组成。

地面监控部分由 1 个主控站、5 个监控站和 3 个注入站组成。监控站主要负责对空间卫星的监控，包括卫星发送过来的导航信息和卫星的自身状态信息，并且要搜集信号传播过程中的大气信息，最后将收集到的所有信息打包一同发送给主控站。主控站主要负责卫星信号的接收和发送，对卫星信号进行分析，解算出各种导航参数，再反馈给空间卫星。主控站也可以将控制指令发送给空间卫星，实现对卫星的调用控制。注入站主要负责将主控站解算出的导航参数发送给空间卫星。

空间部分作为卫星导航系统的核心，主要负责导航电文的发送。空间部分由 24 颗卫星组成，其中 21 颗正常服役卫星在 6 个相互夹角为 60° 的 6 个轨道平面上运行，3 颗故障备用卫星工作在 3 个不同轨道上，能够在空间卫星出现故障时在短时间内替换，保证了 GPS 的工作稳定性。位于地面的用户部分可接收到的卫星信号最少有 4 颗。

用户部分的主要功能是信号接收和导航解算，GPS 技术是为用户接收数据服务的。GPS 接受机除了具有接收信号的功能外，还可以对卫星进行跟踪和 GPS 信号测量。GPS 接收机的类型有很多，定位精度也不相同，用户可以根据自己的需求选择适合自己的接受机。

2. GPS 定位原理

GPS 定位的基本原理是利用空间后方距离交汇的方法来确定 GPS 接收器的位置，目前应用较为广泛的三种方法分别是绝对定位、静态相对定位和动态相对定位三种。

①绝对定位也称单点定位，是最常用的方法，对 GPS 接收器的位置进行直接定位，依靠卫星信号的传输时间从而获得相应的距离，从而计算出该点的位置信息，数据内容主要是经纬度信息，其精度在米级，由于其成本相对较低且定位时间短，所以在故障定位中被广泛使用。

②静态相对定位则需要依靠两个 GPS 接收器共同完成定位工作，采用差分的方法得到测量的坐标，该方法较为简单、效率高，但是相比于动态相对定位精度还是较低，仅能达到厘米级。

③动态相对定位也称实时动态测量，该方法需要两个 GPS 接收器，分别是基准站和移动站，对于运动的物体具有较高的精度，两个接收器同时接收卫星发送的信号，利用星间差分和站间差分方法计算出移动站的位置信息。这种方法精度较高，多数用于工程测量中，其精度可达到毫米级。

二、3S 技术在精准农业中的应用

（一）RS 技术在精准农业中的应用

RS 技术可以将多波段的反射光谱数据作为依据，对其进行系统化分析，从而保证能够得到关于农作物发展状态与发展习性的准确信息，帮助农田管理人员了解农田土壤作物的发展情况，为农田管理工作者提供科学防范措施，从而提升农田生产质量。

（二）GIS 技术在精准农业中的应用

GIS 技术在精准农业中所起到的主要作用是处理与分析土地遭受病虫害影响的原因与状况，能够有效地掌握与了解农作物的实际生产数量。结合生长农作物的土壤条件进行分析，对相关数据信息进行优化与整理，将所得结论及时分享给相关农业管理人员，以避免此类问题再次发生。

（三）GPS 技术在精准农业中的应用

GPS 技术主要在精准农业的智能化农业机械作业中发挥自身优势，能够实现精准的动态定位。在符合相关管理信息系统所提出的规范要求基础上，对农田进行实验播种，从而保障 GIS 定位的精准程度。在对相关农业数据信息集中采样时，可以利用 GPS 技术，设置农田数据采集点，实现数据信息的资源共享。此外，在使用 GPS 技术时，还可以利用 RS 技术，将此二者进行融合，实现精准农业的高效发展。

第二节　物联网技术

一、物联网概述

（一）物联网的定义

物联网，顾名思义，就是物与物相连的互联网。这说明物联网首先是一种通信网络，其次物联网的重点是物与物之间的互联。物联网并不是简单地把物品连接起来，而是通过物与物之间、人与物之间的信息互动，使社会活动的管理更加有效、人类的生活更加舒适。对于物联网这种具有明显集成特征的产物，涉及行业较多，其定义自然仁者见仁、智者见智。物联网是一种通过各种信息传感设备，按约定的协议，利用互联网把各种物品连接起来进行信息自动交换和通信，以实现对物品的智能化识别、定义、跟踪、监控和管理的网络，这是我国对物联网的定义，可见其体现出具体化的特点，该定义关注的是各种传感器与互联网的相互衔接。

与我国物联网定义相对应的，国际电信联盟电信分部，英文简称为 ITU-T，作为国际网络的权威发声部门，其对物联网的定义体现得更为抽象，具体表述为：物联网是一种网络基础设施，运用于信息社会中，联通了全球的网络，在联通中，采用了信息通信技术（ICT）将真实存在的物理对象和与之性质相反的虚拟对象连接起来，为人类带来了更为先进和前卫的使用感受和服务。其中重点关注了在任何时刻、任何场景和不同物体之间的数据采集、信息传送、自动联网和操作命令任务等。

总而言之，物联网就是一种通信网络，它似一张无形的网将全世界的万事万物连接在一起，在这张"网"的笼络下，各事物的联系更为紧密，遍布在世界的各个角落，人类将从中受益，人们的生活将会更智能、便捷。物联网作为一个迅速发展的、众多行业参与的事物，其定义又会随着行业的不同而不同，也会随着物联网的不同发展阶段而变化。

（二）物联网的特征

1. 全面感知

将物联网类比为一个人体，那么全面感知就相当于物联网的皮肤和五官，这样就能很容易理解全面感知的功能，即观察世界和获取各类信息。它主要解决的是人类社会与物理世界的数据获取问题。全面感知是指利用各种感知、捕获、测量等技术手段，实时对物体进行信息的采集和获取。物联网包括物与人通信、物与物通信的不同通信模式，在各种模式下，物品信息经历多种通信过程被自主采用。物品的信息有两种，一种是物品本身的属性，另一种是物品周围环境的属性，物品本身信息的采集一般使用射频识别技术，采集物品周围环境信息时一般使用无线传感器网络技术，通过传感器直接采集真实世界的信息。

2. 互联互通

与全面感知同样的类比，互联互通就相当于分布于整个物联网体系的血管和神经，对照血管和神经在我们体内的作用，可想而知是贯通各处的交流，实现信息的互通。互联互通主要解决的是信息传输问题。互联互通是指将各种通信网和互联网相互融合，通过此种方式，各种物体上的信息与网络相接，那么在任何时候都可以进行信息传递和共享。

互联互通作为连接全面感知和智能处理的纽带，身兼数职，它不但需要网络具备开放性，还需要将数据准确无误地传送给下一级，除此之外，还要保证物体数据的安全性。开放性就要求任何时候数据都能与网络相接，准确无误就要求在传送过程中拥有巨大的带宽、更快的速率，同时还要保证误码率尽可能地低，安全性就要求防盗功能更加强大。通俗理解，互联互通像人体神经系统的神经末梢，它的灵敏性和拓展性更强，分布范围更广，遍布在生活的各个地方。

3. 智能处理

智能处理就相当于整个物联网系统的神经中枢和大脑，试想我们在学习和生活中之所以可以执行各种各样的活动，这完全得益于我们强大的神经系统，组成神经系统的器官主要是大脑和神经中枢，在他们的互相配合和协作下，就完成了信息的获取、管理和处理等任务，物联网亦是如此。智能处理的主要功能是信息及数据的深入分析和有效处理，它主要解决的是计算、处理和决策问题。智能处理是指对数据和信息进行整理、分析和处理，这其中包括不同的地区、行业和部门，且可跨越各行各业，利用了数据管理和处理、云计算和大数据等智能计算技术，如此一来，就可将繁杂的数据和信息进行归类整理，提升物联网系统对世界的认识和观察，以解决复杂的问题。

需要强调的是，智能处理不但会使物理世界的物体服从于人类，而且还需要人和各种物体能够进行交流互动。所以，在物联网的体系内，各种子系统通过各式各样的结点连接在了仪器上，从而实现互相协作，共同完成命令和任务。正因为物联网智能处理的特点，人和物的能力得到了进一步的提升和扩展，人和物的融合更加密切，各种能力趋于人类化，物体的判断力、推理力更强，这正是物联网的关键所在。

（三）物联网的应用

1. 智能农业

随着物联网技术、数据仓库和云计算等新科技的日益发达和完善，在未来的智慧农村中，传感器所收集上报的数据将越来越准确，控制手段将越来越灵敏，通过物联网分析处理下位机上报的采集信号，并给农户推送当前的耕地中最适合种植的农作物，推送适合种植的地点，让农户实现科学合理的种植。

农业产业化与信息化的融合也是发展农产品物联网技术的必然趋势，达到了自动化、远程化的智慧农产品管理的目标，用户可以通过网站和手机短信等方法获得农产品的信息，全过程实现万物互联和信息的资源共享。目前，对精准农产品的研发也大多聚焦于农业信息监测。总体上，精细化农业技术在中国农村的应用重点仍然是农情监控与农业精细化管理。而当前，物联网技术在农情监控领域的运用已大致采取了两种模式：一是对粮食作物生长区域的土壤地理信息进行收集，将其中的重要资料注入农业系统信息库，再运用大数据分析解构方法对农业系统进行调整，此模式投资相对较小，但对突发性事件反应较慢；二是把网络技术和现有的农业生产机械设备技术整合起来，通过农情监测技术收集农业动态信息，以此建立精细化农业生产技术，此模式投入较高，但对突发性事件有着显著的应对能力。

2. 智能建筑

智能建筑是现代建筑技术与信息技术的产物，它以建筑物为平台，以建筑设备、基础设施为服务对象，以现代智能信息技术为手段，为人类创造安全、环保的建设环境。利用物联网技术，让"物"产生了智能，越来越方便地为人们服务；而物联网则是现实中物品之间的智能化、系统化的联网过程；物联网技术一定程度上促进了建筑技术的完善和发展。

利用物联网技术和智能建筑融合开展能源管理服务，但由于目前的智能建筑能源管理系统大多缺乏按照分类、分项计量的标准，也没有将新能源使用系统引入能源管理中，导致在物联网能源管理平台上无法实现更加精细化的、更全方位的能源管理功能。可以运用物联网平台以实现更广泛的能源管理应用。将完善后的智慧建筑能源管理系统接入物联网平台，这样智慧建筑能源管理系统就能够与物联网融合，从而充分发挥物联网的信息技术优势，完成对建筑物能源的监测和管理，以实现更广泛的能源管理服务。智能建筑是智慧城市的最小基础组成单元。而物联网则成为智能建筑中最大的应用，在一定程度上智慧建筑与物联网之间存在着不可分割的联系；但是智能建筑的智能程度又是由系统特性和集成的效果决定的。所以，智能建筑的设备管理平台是智能建筑的关键部分，也就是物联网的初始形态特征。

3. 智能家居

由于物联网技术的不断成熟，使跨领域、跨产业技术融合成为现实，很多家庭通过智能家居逐步实现了生活信息化。随着物联网、大数据、云计算、人工智能、无线通信等技术在智能家居上的应用，房屋中的各类设备（如照明系统、音频和视频设备、空调的控制、安防监控等）被相互连接在一起，提供照明控制、家电控制、室内外遥控、防盗报警等多种功能，物联网智能家居生活观念已深入人心。显然，智能家居除了传统的居住功能，更能够便捷地提供全方位的信息交互，节约生活成本。

4. 智能工业制造

在工业制造领域，可以充分利用物联网技术，对当前的工业生产模式实时监控，提高生产组织效率，保证企业利润的最大化，具体表现在以下几个方面。

（1）生产工艺管理

对物联网技术的应用，逐步提高了产品生产过程检测、数据实时采集、材料消耗监测，以及生产设备监控的能力和水平，不断完善维护和决策水平。尤其是钢铁企业，通过各种传感器和通信网络的大规模应用，实现生产过程中对加工产品的温度、厚度、宽度的及时监控，优化生产流程，极大地改善了产品质量。

（2）供应链管理

企业将物联网技术应用于原材料的采购、库存以及销售等各个方面，使供应链管理体系得到优化。例如，全球制造业中效率最高、规模最大的供应链体系构建者——空中客车，便将传感网络技术融入供应链体系从而实现供应链体系的优化。

（3）环境监测管理

基于物联网技术，通过无线传感设备的安装，环保设备在企业工业生产中实现了各类污染源以及关键指标的监控，整个过程不仅可以实时监测相应数据，还可以在环境事故发生时及时远程关闭排污口，避免事态的进一步恶化。

（4）生产安全管理

利用物联网技术，将感应器嵌入油气管道、矿山开采等设备中，从而及时感知工作人员和机器设备的安全状态信息，统一提升现有网络监管平台，形成开放、多元的综合网络系统，实现安全生产中的实时感知，做到存在危险时快速响应和有效控制。

（5）设备监控管理

借助各种传感技术远程监控设备操作的使用记录，实现设备故障诊断。例如，某集团全球范围内一共建立了13个面向不同产品的物联网中心，利用网络以及传感器对设备进行实时监控和在线监测，更重要的是，能够及时提供故障诊断和设备维护的优化解决方案。

5.智慧城市建设

智慧城市建设的根本目的在于提高人们的工作效率，方便生产生活，目前主要通过三维可视化系统予以实现，以城市基础设施管理、安防监控、人车定位、告警工单等为基础能力，将能源电力、城市部件、公共安全、地理水文等作为应用场景。其中，基础设施管理包括相应的详细信息、运行状态以及告警级别等，展示城市部件的总体统计情况，使得行政区间保持联动。安防监控则显示地理位置，以星光图或热力图展示监控点位的分布态势，并且可以视频实时查看，为电子巡更、重点区域安保等工作提供技术支持。人车定位通过展示地理位置、人车类别以及历史轨迹，方便查询详细信息，便于部门人员管理、访客管理及安全事件管理进度追踪。城市一旦出现事故，可以在第一时间一键定位，方便查看告警详细信息及周边视频监控画面，实现告警与视频联动。可以看出，智慧城市的构建可以实现对城市资源的有效整合和配置，全面提高城市的管控效率和水平。

二、物联网的主要技术

（一）认知层的相关技术

物联网宗旨是物与物实现互联，包含数据信息的保存、鉴定、读取与传递。物联网技术的实现需要运用到自动识别技术。自动识别技术是将信息数据自动识读，自动输入计算机的重要方法和手段，它是以计算机技术和通信技术为基础的综合性科学技术。

近年来，无线射频标识技术越来越完善，射频标识技术（RFID）是利用射频信号通过空间耦合（交变磁场或电磁场）来实现无接触信息传递，并通过所传递的信息来达到自动识别目的的技术。它也有很多自身的优点，如读写速度快、识别距离较远、防水抗磁和储存能力强大等，因此射频标识技术可以非常好地取代现行的条码技术。射频标识技术使得物联网中所提出的人与人、人与物、物与物的互联成为可能。

随着可编程寄存器系统、集成电路、编程语言、微处理器以及软件技术的迅速发展，射频标识技术已经逐渐广泛应用并部署到民用领域，美国、德国等发达国家在射频标识技术上起步早，发展也较快，拥有了相对完善和发达的射频标识体系。而在国内，射频标识技术也开始应用到二代身份证、高铁机车标志、危险品管理设备等多个领域。随着射频标识产品种类的不断丰富以及产品价格的逐步下降，射频标识技术还将越来越大规模地运用于人们的日常生活中，影响各行业。

（二）网络层的相关技术

互联网诞生于 20 世纪 60 年代，深入人们日常生活的方方面面，而未来网络是实现物联网中物与物之间互联互通的关键，也是最主要的渠道。任何感知设备都能够在互联网中连接。网络最主要的功能是让设备在足够远的距离之间传送消息与数据。所以，要进行数据的传送，最重要的是将数据发送端与数据接收端接入网络。

随着数据地址数量的极大扩充，物联网终端设备理论上已经能够扩展至所有物体。而在未来还有机会把各类电子设备接入互联网中，这正是人类所向往的"物物互联"的新物联网时代。物联网将是对现有网络的进一步扩展，其目的也将不再单纯是实现与终端用户之间被动的数据传输。物联网丰富了互联网的连接方式，作为访问网络的无线局域网能够在一些相对小的区域里，如家中、餐馆等，给使用者提供网络服务。在此之前有很多复杂庞大的无线局域网协议标准，给实际应用造成了困扰。随着无线网络协议发展，形成了主要的无线网络协议。而全球微波互联接入技术（WiMAX）旨在为无线局域网使用者提供无线传输服务和宽带服务。无线网（Wi-Fi）的载波频率为公共频段，接入点为用户提供宽带服务。全球微波互联接入技术可以构建网络构架，全球微波互联接入技术和无线网相结合可以提供无线宽带连接服务。

（三）管理层的相关技术

从信息安全与隐私保障的角度来说，物联网终端（射频标识、传感器、智能信息设备）的普遍引入在带来了大量个人信息的同时，也加大了暴露这种个人信息的风险。所以有必要更加安全地管理这种个人信息，以保护隐私信息不被别有用心的人所使用，避免侵害自身的权益。安全的一般性指标分为可靠性、可用性、高保密性、完整性、不可抵赖性和可控性。安全与可靠是指系统可以在早规定的条件下和后规定的时限内实现所规定功能的特点。第一种方法是通过主动干扰无线信息、法拉第罩等物理安全机制防止被跟踪，若射频标识被破坏，用户则无法使用以射频标识为基础设施的物联网业务。由金属所构成的网罩可以遮蔽电磁波。因此，假如将标识置于金属网罩内，那么外界和内部的信息都将无法透过金属网罩，也就能够防止攻击者通过扫描标识获得隐私信息。第二种方法为组织标识，通过碰撞算法跟踪标识。随着定位技术的发展，人类能够更为快捷准确地掌握自身的定位信号。但是新技术发展的同时也产生着新隐患。用户定位个人信息时也面临着被人侵犯的可能。但通过定位个人信息，人们有时候也能够推知用户正在进行的商业活动，此外使用者的健康状况、生活习惯等信息也可以被推算出来。因此，保护位置隐私的同时也需要保护个人隐私信息。

三、农业物联网关键技术

（一）农业感知技术

农业的感知技术是对物体的全方位感知，并伴随一定程度的预测功能，主要涉及的有射频技术、定位技术、北斗卫星导航技术等。感知技术包含对某一特点信息的采集和地理位置识别。农业感知技术主要是借助不同类型的传感器采集种植区域的各种相关信息，如种植区域空气中的温度和湿度、土壤中的温度和湿度、CO_2 浓度、SO_2 浓度等各种参数信息。传感器作为感知层中的基础装置，通过设备的专有功能对监测对象进行信息提取，并按照一定程序将信息传回，以满足传感器节点部署的要求。传感器作为数据采集的首要考虑因素，其需要具备微型化、数字、智能、多特征和网络化等特性。

射频技术作为电子标签，其可以在零接触和自动识别的基础上实现信息传递，因此其广泛应用在产品等级划分、物流追溯等方面。

借助全球定位系统，定位技术可以实现农田定点位置的采集，装配在移动采集设备上，以获取采集信息的位置来源，进一步辅助分析采集到的信息，以便进行精准化作业，如农田病害的预警、水分缺乏预警、施药等。

北斗卫星导航系统是我国自主研发的卫星导航系统，同时可以兼容其他国家的全球定位系统。目前，我国田间的定位信息获取依旧依赖的是美国的 GPS 定位系统，而采用北斗卫星导航系统的农业物联网目前还处于萌芽状态，需要进一步的发展。

（二）农业信息传输技术

农业信息传输技术是将各种信息感知技术运用到信息采集中，传输具有较高质量的信息，为获取更加可靠且有效的信息做铺垫。农业信息传输技术主要分为两类，分别是通信技术和无线传感网络技术。

随着通信技术的多方融合，利用通信技术获取远距离农业信息成为热门技术，且基于通信网络的农业信息采集被广泛应用，如农田种植、畜禽水产养殖类信息的采集和传输控制等，已成为农业与物联网结合的稳定且高速的数据传输介质。

在学者们专注于物理世界紧密耦合应用的过程中，无线传感网络带来了显著不同的设计、实现和部署挑战，其利用多个传感器为呈现空间和时间差异的参数提供了更好的监控能力，并且可以向最终用户提供关于物理世界的价值推断。无线传感网络系统可用于边界监视、目标监测和分类、病害监测等。在具有大量节点的传感器网络中，有学者基于传感器网络面临的各种部署实施挑战，提出了分析模型来估计和评估随机部署的多节点传感器网络中的节点和网络寿命，得到了较理想的结果。

多个无线传感器节点通过无线通信方式将监测到的信息进行交互，传送至指定的平台或终端，无线传感网络是通信技术和嵌入式技术等的综合应用，是物联网进行信息采集和信息传送的重要媒介。

第三节　人工智能技术

一、人工智能概述

（一）人工智能的发展历程

人工智能至今已有 66 年的发展历史，相较于国际上人工智能的发展情况，我国着手开展人工智能相关研究时间较晚，正式开始于 20 世纪 70 年代末，在摸索中前进，先后经历被质疑、批评甚至打压的艰难发展历程。这一状态一直持续到改革开放后，我国人工智能发展才逐渐步入正轨。近几年，随着新一代信息通信技术的创新与发展，有关人工智能的研究逐渐从理论走向实践，步入落地应用阶段，如今发展成为国家战略的重要组成部分。具体来看，我国人工智能发展可采用四阶段划分方式，各阶段具体情况如下所述。

第一阶段，即 1978 年至 2000 年，这一时期，欧美许多发达国家正大力发展知识工程和专家系统，与之相比，我国还在初步探索阶段，一些基础性研究工作刚开始开展，起步较为艰难。改革开放以后，我国大批学生到西方实地考察，学习西方国家研究人工智能领域的理论及方法。正是这样一批人，在回国后带头开展人工智能相关研究，为中国发展人工智能做出了不可估量的贡献。我国于 1981 年成立人工智能学会，国内学者开展多项项目研究，1987 年国内第一部人工智能教材《人工智能及其应用》在清华大学出版社公开出版，与此同时成立起中国人工智能学会。

第二阶段，即 2001 年至 2012 年，这一阶段也称为人工智能蓬勃发展阶段，进入 21 世纪后，人工智能相关研究课题获得各部委及各项基金计划的支持，项目研究力求与我国经济发展相结合，更具研究价值及现实意义。在此阶段，还通过举办会议及竞赛活动向大家普及人工智能相关知识。伴随着百度等互联网巨头的出现，互联网蓬勃发展，机器学习得到更好的应用。

第三阶段，即 2013 年至 2015 年，人工智能算力不断增加，技术不断成熟，我国开始积极布局人工智能发展领域。人工智能为我国技术创新打下坚实的基础，同时也成为促进我国经济结构转型升级的有力支点。就社会影响而言，引发了劳动力就业、社会结构变化、传统思维方式的变革等。

第四阶段，即 2016 年至今，我国先后出台多份有关人工智能发展的战略任务及工作方针，为我国加速发展人工智能提供了有力的政策支撑。同时发布人工智能各细分领域白皮书，搭建研究框架，展望科技创新发展前景，明确研究方向。

（二）人工智能的内涵

人工智能（artificial intelligence，AI）作为一门综合交叉性学科，涉及诸如经济学、社会学、心理学等领域。伴随着科学技术的迅猛发展，人工智能技术日渐成熟，它不再指传统的计算机控制系统，而是具有了智能模拟的特点。在学术界关于人工智能的具体定义存在分歧，美国斯坦福大学人工智能研究所尼尔逊（Nelson）教授将人工智能定义为关于知识的学科，怎样表示知识以及怎样获得知识并使用的科学。而美国麻省理工学院温斯顿（Winstone）教授认为人工智能就是研究如何使计算机做过去只有人才做的事。国内学者对人工智能的定义也有差异。中国国家无线电频率规划专家咨询委员会主任陈如明认为人工智能就是分析和模拟人的智能行为及其规律的一门学科。山东科技大学矿业与安全工程学院研究生导师朱祝武认为人工智能是研究怎样用技术的方法在计算机上模拟、实现和扩展人类的智能活动。通过对国内外关于人工智能含义的描述分析，可以发现他们都肯定人工智能是相对于人类智能的"机器智能"或"智能模拟"，实现智能行为的一门学科。

对人工智能内涵的准确把握需要建立在对其发展阶段的把握上，关于人工智能处于何种水平，学术界未形成统一的认识，存在人工智能有三个不同发展阶段的说法，一是弱人工智能（weak AI），其是指机器能够实现特定功能，如扫地机器人、机器翻译等在特定领域的应用，甚至有些应用水平超过人类，谷歌的阿尔法狗（AlphaGo）在围棋比赛上大胜李世石是典型的单一型人工智能成功的代表。二是强人工智能（strong AI），有时指通用型机器人（artificial general intelligence），其指机器人工智能能够自发地学习，理解复杂概念，能够进行全方位的智能行动。三是超人工智能（super AI），是全面超越人类的智能，是指不需要人类的控制，自身能够实现编程和改进，并进行思考和创新，智能速度和质量都远超人类智能，可以称其为"超人"的存在，是空想的存在，难以实现。目前，现阶段是弱人工智能时代基本毫无争议，而强人工智能由于人类思维模拟和通用技术整合存在巨大的技术不足，社会伦理上也存在争议，其发展非常有限，在未来很长的一段时间里是无法实现的，强人工智能时代仍然是遥不可及的。

（三）人工智能的概念

人工智能时代、"互联网＋"时代与大数据时代是三个不同的概念。这些概念之间既有区别，又有一定的关联。

第一，这些概念各有侧重点。人工智能时代是指以人工智能技术为基础，使社会生活各个领域发生翻天覆地的巨大改变，科技的飞速发展以点带面覆盖全社会，震撼社会文明的新时代。在这个时代中，强算力、深度学习为重要的技术，所应用的方向是赋予机器人智能，使机器能够自主思考、自主决策并最终指导行动。"互联网＋"指的是互联网技术与经济生活等各个领域有效结合，进而促进相关技术的提升，并使实体经济得到更快发展。"互联网＋"时代最具代表性的特点是万物相连、共通共享和跨界融合。互联网对中国的发展产生了深刻的影响，其影响范围之广，已经渗透到社会各行各业。而大数据时代是在对相关数据资源进行汇聚整合的基础上，通过技术手段对海量的数据进行分析，从而提炼出有巨大价值的数据信息资源的特定背景环境，其比较鲜明的特征是网络化、数据化，这为精准分析、个性学习提供了现实环境。

由此可见，人工智能时代、"互联网+"时代和大数据时代给人们带来的影响是不尽相同的。人工智能时代，智能机器能够代替人们的部分工作，这在很大程度上解放了劳动力；"互联网+"时代，世界各地的各行各业被一个虚拟的网络所联系起来，实现了共联共享；大数据时代，通过运用大数据平台能够对海量的数据进行收集、整理，并预测出数据的未来走向，为人类科学决策提供较为科学的依据。

第二，这些概念之间存在着密切联系。纵观历史，人们喜欢用一种特殊的生产工具和生产力来命名这个时代。在《第三次浪潮》一书中，社会思想家阿尔文·托夫勒将现代的人类文明史划分为三个时期，分别是农业革命、工业革命和鼓励发扬个性、提倡民主的新浪潮时代。他在 2006 年出版的《财富的革命》中将第三次浪潮定义为"知识经济时代"，很显然人工智能时代同"互联网+"时代、大数据时代等概念同属于"第三次浪潮"。由于知识技术更新迭代速度较快，这些以某项技术冠名的时代并没有明显的时间界限，这是三者在时间呈现上的相关性。此外，海量的数据信息为人工智能进行自主思考和决策提供了支持，而大数据技术所收集、整理的信息离不开人工智能对其进行的深层次加工操作。"互联网+"是人工智能和大数据发挥作用的基础，一般来说，大数据所挖掘的信息绝大部分来源于互联网中人们交互产生的数据，大数据和人工智能都依赖于互联网而存在。

（四）人工智能的类型

关于人工智能的类型，目前在学术界普遍认同的观点是以人工智能的智能程度划分的类型，并以此为基础展开讨论。具体分为以下三类：弱人工智能、强人工智能和超人工智能。

1. 弱人工智能

当前人工智能所处的阶段就是弱人工智能阶段，弱人工智能指尚未具备情感和自我意识，但具有深度学习能力可以自主做出判断和决策的人工智能，大部分观点认为应当将弱人工智能定性为法律客体中的"物"。处于这个阶段的人工智能可以进行复杂计算、自我学习，还能像人类一样在社会环境中生存并解决一些问题，但是它们没有独立意识也不具备理性。典型的弱人工智能有人脸识别系统、搜索引擎、导航系统等，主要依靠人类控制去实施特定的行为，即这些智能设备没有意向状态，只是受电路支配的简单程序。简单来说，弱人工智能指能够模拟人类特征，自主完成特定任务的简单智能体，也就是我们所处的时代的智能程度，该阶段的智能机器都是辅助人类的工具。

2. 强人工智能

20世纪80年代，美国哲学教授约翰·罗杰斯·希尔勒（John Rogers Searle）提出了强人工智能这一说法。与弱人工智能相比，强人工智能具备了可以脱离人类独立存在的能力，是不需要再由人类支配就能自主行动的智能机器，也不能被定义为物或客体。这个阶段的人工智能，法律地位会发生质的转变，相应的法律制度也需要随之调整。强人工智能不仅拥有意识，甚至在一些方面或某些专业领域会超越人类。这类人工智能会使用与人类极其相似的思维模式，会对问题进行推理和思考，还有极大可能会自发地产生新的与人类不同的意识形态，对事物也会有独特的认知。

3. 超人工智能

日常生活中虽然没有见到过超人工智能的身影，也没有明确的定义和概念，但是超人工智能却广泛存在于各类影视、小说作品中，如果真的有超人工智能，说其是超越人类的超人也不为过，因为它们拥有人的思维、自己的世界观和价值观，还会制定规则，而且比人类大脑思考的效率高出无数倍，懂得灵活多变。超人工智能时代究竟是什么样的还存在于想象之中，没有人见过真正的超人工智能，所以学术界也没有对超人工智能的准确定义，只是普遍认为超人工智能会比人类拥有更强大的智慧，不论在什么领域都是超越人类的存在。超人工智能比起强人工智能，其自主意识会具有绝对的自主性，完全不需要在人类的控制之下行动，能够摆脱人类成立自己的群体或组织。超人工智能时代的畅想包含着人类对高水平智能技术的超乐观预期，但真正的超人工智能时代到来时，人类或许也有可能面临着生存危机。

（五）人工智能的基本特征

1. 以大数据为依托

数据就如人工智能的"新石油"，人工智能发展必须依靠快速采集数据获取知识。人工智能需要以数据为载体，其运用和分析离不开海量数据，然而数据一般是分散与片面的，容易导致计算分析结果缺乏真实性和全面性。它需要掌握全部有用数据，并对其进行整理，挖掘其本质规律，此过程就要依托大数据，以大数据为基石，进行数据价值化操作，数据的全部价值才会实现。大数据这一辆火车头带领着人工智能呼啸而来，使人工智能获得突破、得到更广泛的运用。大数据时代已经来临，人们对数据运用分析能力不断提高，对大数据分析带来的便捷依赖性增强，对大数据分析的科学性要求也越来越高，人工智能驾驭大数据的能力越强，其发挥的价值就越多。

2. 自我适应和学习

人工智能学习已经实现了从低水平机器学习到高层次深度学习的转变，它具备了智能技术独特的自主性，能够根据环境的变化、不同的任务，自行调整内部的系统参数。人工智能通过模拟神经网络和利用深度学习功能甚至能够比人类更擅长处理数据，并通过人机交互更好地感知人类的意图，按照设定的程序完成操作。但是，人工智能的学习与人类智能存在着本质的区别，因为人工智能的学习判断能力，只不过是通过一套算法计算或者数据变化来调整模型，进行数据分析，获得最佳答案从而作出判断，简单来说就是机器经过"合理、合适的算法"得出合理结果，而且只是单纯的数据分析，不具有创新能力。人工智能学习进化的本质是科学技术的产物，只具有自然属性，缺乏数据背后的社会责任和伦理道德的判断能力。看似智能机器人拥有了人的智力和自主学习能力，但其本质是模拟仿生的类似于人脑的智能，其强大的学习思维能力只是建立在大数据和复杂算法之上的，并非具备真正的自主学习能力，这和人类思维自身的感知和创造能力是截然不同的。

3. 智能技术产业化

人工智能作为一门交叉性学科，它将整个科学体系作为潜在的应用领域。近年来，由于芯片和云计算等技术日渐成熟，人工智能技术突破原有的发展瓶颈，取得了突破性进展，被广泛运用到更多行业。新一代人工智能技术凭借着智能化的特点，逐步运用到传统行业中，推动了传统产业升级和优化，发挥着作为新生产要素的功能，不断渗透到产品研发、生产、销售、售后等生产的各个环节，提高生产数字化、智能化水平，促使生产提质增效，提高传统产业竞争力水平。如"人工智能＋农业"有着无限的发展空间，农业生产依靠人工智能后台系统的大数据对农作物的生产情况进行分析，在判断作物所处的气候、湿度、土壤等环境因素后进行精准操作，避免重复性农业生产操作，减少人力和物力的投入，能够有效避免资源的浪费，促使农业迈向绿色健康的现代化发展道路。人工智能赋予传统产业新活力，促使其提质增效，加快产业结构优化升级的同时，也催生了一系列全新的智能化产业，涌现出许多新产业、新模式、新业态。以人工智能为技术手段，扩大智能应用场景，将人工智能、云计算、大数据融合，孵化全新智能化的产业，如今比较热门的自动驾驶技术，正在催生全新的智能汽车产业发展。未来随着人工智能运用场景水平不断提高，将会孕育出大批具有颠覆性的智能化产业。

4.属人的工具性

人工智能虽然在形式上成为生产的主体，但是其本质是工具而不是生产的真正主体，人工智能本身受制于人，属于人的创造物，同时又是一种实现人类解放的工具。

一方面，人工智能具有属人性，是由人类智能创造的，兼有"类人性"。人工智能是人类创造的智能工具，它通过模拟人类的决策思维，从大量的数据中分析出最佳决策方法，来高效地完成一些智能工作，是人类历史上前所未有的能够帮助人类解放双手的好工具。人类是人工智能的母亲，人工智能所需的芯片、系统以及算法都是人类赋予的，其最关键的深度学习算法也借鉴了人类的思维。只有依靠人类智慧的训练，人工智能才能形成自主决策模型和学习自我判断能力。

另一方面，人工智能本质上不同于人类智能，其本质仍是人类为了实现自身解放而创造出来的工具，即本质特征是"工具性"，是服务于人类解放的工具。人工智能只是根据人们研发出的程序逻辑和计算机算法，再通过人类发明的芯片等硬件载体来运行或工作，其本质表现为计算，通过对数据信息的处理分析，形成有效的信息流和数据模型，是实现人类期望的智能工具。人工智能本质是机械的算法运算，是对智能行为的模拟，不具备自主意识，所以人工智能具有属人的工具性。

（六）人工智能的技术本质

人类社会劳动和智能工具相辅相成，因此人们总是需要在面对智能工具时保持高度的理性，依靠智能工具的同时又能够做到独立自主，在迷失方向时找到人类自身进步的方式。智能技术经历了高低起伏的发展历程，早期人们是基于军事需求展开关于智能技术的研究的。根据智能技术的使用角度，可以将智能技术划分为狭窄智能技术、特定智能技术和通用智能技术等不同的类型，目前只有狭窄智能技术和特定智能技术得以广泛运用，即目前的人工智能并未达到通用智能的标准，人们所研发出来的智能技术只能在某个特殊或特定的领域中得以运用，智能技术还不能将人类全部的水平充分展现出来。例如，阿尔法狗只能在围棋水平上超过人类，其他方面的能力并不能与人类持平。迄今为止所创造出来的智能工具都不能同时具备人类感性和人类理性。人们是基于专业技术基础来设计和研发智能技术的，研发之初的主要目的是模拟人类专家来解决特定领域的问题。因此，狭窄智能技术和特定智能技术目前还未在真正意义上表现出通用智能的特点和技术水平，且短期内还无法达到通用智能技术的高度。

纵观人类和技术之间的关系，人们基于提高社会生产力的目的创造和研发了生产技术。例如，人们在原始社会中所研发的石刀，就提高了人们的社会生产力，推动了人类进步。技术的迅猛发展是为了推动人类的生活进步，技术并不是自然而然形成的，是在人类社会发展进程中依赖于人类的创造而产生的。智能工具虽然能够在某些特定方面超过人类水平，但却不能独立于人类而存在。

二、人工智能的核心技术

（一）机器学习技术

机器学习的主要思想就是如何使机器类似于人的大脑，让机器可以自动化、智能化地学习。在机器学习的过程中人们需要提供充足的数据，因为计算机只能通过学习数据的方式去学习人类的活动。计算机从人们给定的大量数据中或者学习到的数据中找出包含的规律，从而可以进行分类或者回归。

机器学习的发展主要经历了三个阶段。第一个阶段是推理期，典型的算法有"逻辑理论家"程序，这个阶段人们认为只要把推理能力赋予计算机，计算机就能够实现智能化。第二个阶段是知识期，典型的算法有专家系统，在这个阶段，人们认为计算机不仅需要具备大量的知识，而且需要具备强大的逻辑推理能力。第三个阶段是机器学习阶段，在这个阶段，研究者们致力于如何让机器自己从训练数据中学习知识。机器学习并不是一种特定的算法，而是许多算法的集合。不同的机器学习算法有着不同的作用，如决策树算法可以用来做分类任务，而逻辑回归算法可以用来做回归任务，因此需要根据实际的需求来进行机器学习算法的选取。机器学习主要可以分为有监督学习、半监督学习和无监督学习这三类。

在有监督学习中，输入数据被称为训练集，训练集中每一个样本都有一个明确的标签，如经典的鸢尾花数据集中一共有三个标签，分别为0、1、2，0代表此样本类别属于山鸢尾（setosa），1代表此样本类别属于变色鸢尾（versicolor），2代表此样本类别属于维吉尼亚鸢尾（virginica）。而其中每一个鸢尾花样本都对应着上述三种标签中的任意一种。有监督学习在构建分类模型时，会不断验证预测结果与实际结果是否一致，如果不一致就不断调整分类模型，直到分类模型的结果能达到预期。有监督学习中常用的算法有朴素贝叶斯算法和反向传递神经网络算法等。

无监督学习与有监督学习最大的区别就是事先没有任何训练样本，因为在现实生活中可能会存在缺乏足够的先验知识、数据集的类别不会被特别标识、对数据进行人工标识的成本过高等问题。所以我们使用无监督学习的方式让计算机能够替代我们去完成这些工作，从而节省人工标识的成本。目前常用的无监督学习算法包括聚类和关联学习等，如 k-means 算法和 Apriori 算法。

半监督学习结合了有监督学习与无监督学习。在现实任务中，即使在大数据时代，干净的并且有标识的样本较少也是一个比较普遍的现象，因此半监督学习的研究重点是如何利用已经标记好的少量样本来提升分类模型的健壮性。与有监督学习相比，半监督学习在训练时训练成本更低。半监督学习又可以分为两种类型，分别是纯半监督学习和直推学习。纯半监督学习假设训练数据中的未标识样本并非待测的数据，而直推学习正好与前者相反。半监督学习常见的算法有自训练算法（self-training）、生成模型算法（generate semi-supervised models）和低密度分割算法。

（二）计算机视觉技术

1. 计算机视觉技术的定义

计算机视觉技术是识别图像和物体等各类事物的技术，让计算机具备和人类视觉相似的信息提取、信息处理以及信息分析等诸多功能。当前在自动驾驶、智能医疗等诸多领域中，都需要应用计算机视觉技术实现智能化操作，而深度学习的不断提升，使得预处理、特征提取和算法处理之间能够有效地连接。在实践过程中计算机视觉应用相对较多，例如，在医疗成像中利用计算机视觉，不断提升各种疾病的诊断效率以及预测能力；在安防监控领域中，利用计算机视觉迅速获取嫌疑人图像信息；在购物时，消费者能够利用手机计算机视觉功能，获取相关产品信息。

2. 计算机视觉技术的特点

随着科学技术的不断发展，人工智能技术被广泛应用于我国的各行各业。计算机视觉技术作为人工智能技术的核心内容，可以通过先进的识别、成像技术，将大量的图像信息进行组合、处理、分析。

　　机器视觉技术以计算机视觉技术为基础，通过批量化的高效处理，让机械设备能够自动进行信息图像的获取，从而对指定的图像进行高效的分析、研究。因此，通过合理高效地利用机器视觉技术，能够保证图像信息更加丰富多样，使得观测的结果以及分析出的结论更加符合算法逻辑。

　　机器视觉技术的实现需要依靠计算机视觉技术的科学合理应用，通过传感器模型、逻辑算法以及系统架构为其奠定技术基础。因此，视觉系统可以对单一或者多个物体进行全方位的图像识别、分析，并将获取到的图像信息进行高效合理的研究，通过对比模型数据库中的各种特征量，从而对分析出的结果进行运算、研究，进而制定更加科学合理的决策。

（三）自然语言处理技术

　　自然语言处理，指的是计算机所具备的一种和人类文本处理方法相似的文本处理功能。其能够有效提取文本相关信息，还可以通过文本分析找出其中的错误，理解文本含义。例如，能够迅速分辨电子病历内存在的错别字以及漏字等问题；自动提取文档中的核心内容，把各项条款内相关信息汇聚为表格形式等。自然语言处理涉及的领域较多，主要包括机器翻译、机器阅读理解和问答系统等。

（四）机器人技术

　　机器人技术将机器视觉等多种计算机功能相互融合，利用传感器等相关设备，把计算机各项能力和实践工作需求相结合，可以在各种环境中具备多种功能，能帮助人类完成许多困难的任务。例如，医疗机器人把机器人技术融入医疗领域，结合医疗领域的实际需求，设计相应的计算机工作流程以及相关动作，应用于医疗设备之中。在国际机器人联合会（IFR）的相关介绍说明中，医疗机器人主要分为辅助治疗机器人、手术机器人以及康复指导机器人等多种类型。

（五）语音识别技术

　　语音识别的目的是将接收到的语音转录为对应的文本。语音识别模型主要由声学模型、语言模型、词典、特征提取、解码器五个模块共同组成。由于人类语音是模拟信号，想要被计算机录入则需要事先使用采样量化技术将其转化为数字信息，其次通过语音预处理从原始嘈杂信号中提取出干净的语音信号，以便于后续的语音特征提取。语音特征提取的目的是将预处理后的语音转换为声学模型训练可以利用的特征向量，在提取过程中，语音从时域空间转换到频域空间。声学模型经过语音数据集训练后，把声音信号识别成音素等声学单元并给出相应的概率。语言模型在大量语言文件上进行训练，并根据语法、词法知识对初步识别结果再做筛选，进而选出符合语法规则的部分作为最终的语音识别结果。

三、人工智能技术应用于农业机械的必要性

（一）实现农业机械现代化

为了推动农业经济的快速发展，加强农业现代化发展已成为农业发展的趋势。农业机械在农业发展过程中有着举足轻重的地位，随着科学技术的不断发展以及农业机械内外部发展环境的不断变化，农业机械传统的发展方式已无法满足时代发展对农业机械的需求。在信息化蓬勃发展的今天，将人工智能技术积极地应用到农业机械现代化发展进程中，极大地提高了农业生产的效率和农产品的质量，不断推进农业机械智能化、信息化和现代化发展，是现代农业发展的必然要求。

（二）推动农村经济发展

振兴乡村经济、推动农村经济不断发展是国家经济发展必不可少的一部分。切实将人工智能技术合理运用于农业机械领域，可以加快农村经济的发展。大量实践证明，智能化的农业机械有效提高了农业生产机械化以及智能化水平，能够将机械设备的优势充分发挥出来，从而可以节省大量的人力、物力，达到节约生产成本的目的。同时，能够促进农业生产效率和质量的提高，有助于提高农业生产经济效益，推动农村经济实现快速发展。

（三）降低农民劳动强度

近年来，在城市化建设持续推进的背景下，我国农村地区的大部分青壮年劳动力逐渐离开农村，选择到城市就业，这使得农村劳动力"老龄化"问题越发严重，很多留守老人根本干不动农活，农业生产压力巨大。而通过在农业机械中有效应用人工智能技术，则可以大大降低农民劳动强度，有效缓解农业生产压力，这对于保证国家粮食安全以及促进农业经济发展等均有着重要意义。

第四节　虚拟现实技术

一、虚拟现实技术的起源和发展

（一）虚拟现实技术的起源

虚拟现实技术最早由 1929 年诞生的模拟飞行器应用装置起步，通过对外部大气环境进行模拟，于室内场景中配置飞行模拟器械，能够为飞行训练员提供飞机驾驶控制模拟体验，这样来获取操作飞机的真实感受。摄影师在 1957 年通过摩托车进行模拟操控，能够让操作人员通过虚拟和现实的结合，体会到图像的变化、声音的仿真以及振动的改变等，如同自己在驾驶着摩托车飞驰。模拟飞行器的发明为三维和四维技术应用做了充足的技术准备，同时也开创了模拟仿真技术在现实生活和工作当中应用的先河。

（二）虚拟现实技术的发展过程

虚拟现实技术依托多个学科的技术，伴随社会发展和技术的革新，能够让用户对资源进行整合，对环境进行改善，以进一步拓展需求领域。

虚拟现实技术发展的过程，主要包括以下三个阶段。

第一阶段，也就是其发展的初期阶段。1965 年，在国际信息联合会上，美国的专家发表了《终极显示》一文，对于计算机图形科学进行了有效突破，文中对交互图像进行了首次论述，同时也对力反馈技术和虚拟现实的相关技术进行了第一次论述。专家指出，可以通过显示器实现虚拟世界的模拟，让人们在模拟的环境对现实进行体验。被称为美国"虚拟现实之父"的伊凡·苏泽兰特（Ivan Sutherland）在 1968 年通过阴极射线管的合成和佩戴成功制造了首个三维显示设备。他指出，三维显示设备通过流程设计等能够进一步让虚拟和现实进行结合。他对设备的结构进行了全面的展示，这为日后三维显示器发展做了坚实的铺垫，上述阶段为虚拟现实概念形成奠定了扎实的基础，在上述研究的基础上，人们逐步开展了围绕虚拟现实技术的深入研究。

第二阶段，也就是虚拟现实理论开始走向成熟的阶段。美国学者克鲁格（Kluge）在 1975 年阐述了基于人工现实的理论，并展示了名为"视觉空间"的虚拟现实环境。美国航天局在 1980 年对虚拟现实技术进行了研究，并通过理论和实践相结合的方式制造了一系列的商品。通过这些商品让行业产生了巨大的变化，同时也引起了公众的广泛参与和关注。1985 年，美国公司开发和设计了数据手套，通过这种装置能够让人的手指对数据进行接收，同时也能对指令进行处理。首个头戴显示器和数据手套虚拟现实系统在 1986 年成功研制，成为世界上第一个感知能力超强的多用途虚拟现实设备，通过头戴系统和语音识别能够实现运算分析、空间感知和远程操作，让虚拟和现实更加紧密地结合在一起。

第三阶段，主要是通过相应的基础理论对虚拟现实进行应用和完善。美国在 1990 年针对虚拟现实技术召开了研讨会，并结合虚拟现实的相关要素对图像绘制感官交互和显示技术进行了全面的论证，同时也判断了虚拟现实发展的方向。虚拟现实技术在 20 世纪 90 年代之后不断高速发展，美国感官公司成功研制了虚拟现实技术的新一代载体。英国也在 1996 年召开了全球虚拟现实研讨会。研讨会上很多专家教授也对虚拟现实进行了深入的分析和论述，同时也将很多虚拟现实的产品进行了展示。1996 年，虚拟现实环球行动在英国举行，很多互联网用户通过虚拟现实的体验获得了极大的冲击。1990 年之后，伴随信息技术革命的不断发展，计算机软硬件性能也在加快革新和升级，在众多因素的支持和助力下，虚拟现实技术获得了迅猛的发展，同时环境的变迁、数据库的应用，以及图像分析都让虚拟世界和现实世界成功交互在一起。通过虚拟现实系统的不断换代升级，很多构思和设计理念都得到有效的应用，虚拟现实技术也为日后的发展打下了良好的基础。

二、虚拟现实技术的概念

（一）虚拟现实技术的定义

虚拟现实技术是集人工智能、自动化、多交互技术于一体的融合技术，它为广大用户提供了全新的认识世界、了解世界，从而改造世界的方式。20 世纪中期就有国家开始研究虚拟现实技术，但由于互联网技术的落后，导致研究进展缓慢。如今互联网技术发达，虚拟现实技术得到提升，在信息、军事、教育等领域得到了广泛应用。

简单来说，虚拟现实技术是对三维环境的模拟，可以虚构出逼真的虚拟环境。三维环境是计算机计算模拟出来的，可以模拟现实空间环境，或者模拟人的抽象思维反应。使用者通过虚拟现实技术来感受虚拟环境，能够体验虚拟环境对人体的感官刺激，给人一种身临其境的感觉。

虚拟现实系统模拟的是一个三维的、动态的虚拟世界，用户可以用多元化的交互方式在虚拟世界中感受感官的刺激，如视觉、听觉、触觉等，还能和虚拟世界中的人物进行交流与互动，产生身处真实世界的感觉。值得注意的是，虽然图片、声音或视频也能刺激人们的感官，但虚拟现实技术并不是简单的图片和声音的堆砌，而是为用户提供多方位的感官体验。

（二）虚拟现实技术的特征

互动性、想象力是虚拟现实技术主要的特征。虚拟现实技术能够突破原有二维屏幕呈现方式的局限，实时把空间以三维形式完美呈现出来，在人机交互的环境中给人以代入感和沉浸感，完全改变了传统人跟人之间、人跟计算机之间的交互方式，并且使设计师直观地了解设计的性能，能够及时地调整设计，找到可行的最佳解决方案。

1. 互动性

互动性是指通过计算机输入和输出设备，体验者能够达到操作虚拟场景内元素或部品的具体程度。自然状态进行的交互方式是体验者与虚拟场景之间所能达到的理想状态。通过专业设备，用户能够向计算机传递自己的指令和感受，从而实现对虚拟场景对象的指挥与操作，而计算机则能够将体验者的指令与感受通过虚拟场景进行呈现，并对用户进行信息反馈。

2. 想象力

虚拟空间创建的唯一局限就是想象力的局限。想象力主要是指人们通过一系列的思维过程，塑造虚拟环境场景的能力。虚拟现实系统实际上也是基于想象力的发挥，并通过计算机技术、软硬件设备的结合完成这一任务的，将设计师头脑中的蓝图通过虚拟现实技术在虚拟场景中完美呈现。

三、虚拟现实技术的分类

根据虚拟现实技术沉浸度的不同，虚拟现实技术可分为桌面式虚拟现实、增强式虚拟现实、沉浸式虚拟现实、分布式虚拟现实四大类。

（一）桌面式虚拟现实

桌面式虚拟现实系统是利用普通计算机系统实现的虚拟仿真，利用计算机系统的显示器和其他输出设备（多媒体音箱等）作为虚拟现实参与者观察和感知虚拟现实的一个窗口，计算机系统的外部设备一般用来操作或控制虚拟场景中的物体，是应用最为方便灵活的一种虚拟现实系统。桌面式虚拟现实特点是实现成本低，应用方便灵活，对硬件设备要求极低，当然为了增强虚拟现实的效果，可以在桌面虚拟现实系统中借助立体投影设备，大尺寸显示屏幕和高保真环绕音响设备，达到增加沉浸感及多人观看的目的。

（二）增强式虚拟现实

增强式虚拟现实是在虚拟现实的基础上考虑参与者所处的周围真实环境，也就是增强在现实中无法或不方便获得的感受，增强参与者对真实环境的感受。增强虚拟现实系统其实是在虚拟世界与真实世界之间进行适当的结合和协调，同时增加对真实环境的影响，其发展和应用潜力是相当巨大的。

（三）沉浸式虚拟现实

沉浸式虚拟现实系统采用专用的交互装置，把参与者的视觉、听觉和其他感觉封闭起来，使参与者暂时与真实环境隔离，为参与者提供了完全沉浸的"身临其境"的体验，使参与者有一种仿佛置身于真实世界之中的感觉。目前，沉浸式虚拟现实系统常应用于游戏、特种行业培训等领域，需要借助专用设备，配置的成本比较高。

（四）分布式虚拟现实

分布式虚拟现实系统是借助网络环境并充分利用网络上的分布资源开发出来的虚拟现实产品，可以认为是沉浸式虚拟现实系统在网络方向发展的产物，相当于将分布于不同地方的沉浸式虚拟现实系统通过网络连接起来，共同实现某种用途，使不同的参与者联结在一起，同时进入一个虚拟空间，共同体验。分布式虚拟现实系统在远程教育、工程技术、交互式娱乐、交互式游戏、远程医疗等领域都有着广泛的应用前景。

四、虚拟现实技术在农业中的应用

（一）虚拟动物

虚拟动物是指利用现代技术，通过计算机整合重构动物三维立体结构模型，在计算机可视化环境下模拟动物在不同营养状态下的生长过程。相较于传统畜牧医学实验的较长周期，采用虚拟现实技术的模拟实验只需要几分钟就可以得到实验结果。

（二）虚拟植物

虚拟植物是指在计算机可视化环境下模拟植物在自然环境中的生长发育。利用虚拟植物可以模拟农药从喷雾器中喷出后的空间运行轨迹，直观地观察农药在植物群体中的空间分布与害虫的位置关系，从而找到一种既能对付虫害又不污染环境的农药喷施方法。

（三）农业机械产品的虚拟设计开发

利用虚拟现实技术建立虚拟样机，生成逼真的三维虚拟环境，在虚拟环境中实时观察虚拟农机产品的农业生产活动，及时发现问题并进行修改，从而提前做出决策与优化实施方案。相对于传统的农机产品设计方法，利用虚拟现实技术设计开发农机产品不仅极大地提高了设计成功率，还在很大程度上解决了资源浪费的问题。

（四）农业试验仿真

在农业试验中有时会遇到一些在现实世界中无法进行的情况，此时可以利用虚拟现实技术建立相应的虚拟模型进行试验，解决了试验无法开展的难题，而且还可以节约试验成本，缩短试验周期。

第五节　数字地球技术

一、数字地球的概念

数字地球是国内自主研制开发的基于地理信息系统地理数据的视景仿真扩展软件，该软件包括地理信息系统地理信息场景三维建模，是一款可进行视景仿真二次开发的地理信息软件。数字地球提供了几个核心功能扩展，可为视景仿真的开发提供方便的接口，其中数字地球 server，支持影像、高程瓦片数据的载入，为视景场景提供真实的地形与卫星地图、地形背景；数字地球 mapper，提供地球三维模型并实现了地理信息系统数据与地球模型间的映射，通过地理信息系统地图数据就可以提供基于全球定位系统的数字地球仿真环境；数字地球 model process 模型载入模块，提供对无线网格网络（mesh）三维实体模型数据的处理与加载，方便战场中导弹、舰船实体的统一调度管理。

数字地球的软件平台开放了较为完整的数据接口，为用户的开发提供了良好的支持，具体优势如下。

①丰富的数据接口。

②丰富的辅助工具支持。

③多样化数据展示。

④游戏级场景渲染。

二、数字地球的技术基础

数字地球的实现需要诸多技术，特别是信息科学技术的支撑。这其中主要包括信息高速公路和计算机宽带高速网络、高分辨率卫星影像、空间信息技术与空间数据基础设施、大容量数据存储及元数据、科学计算等。

（一）信息高速公路和计算机宽带高速网络

数字地球所需要的数据已不能通过单一的数据库来存储，而需要由成千上万的不同组织来维护。这意味着参与数字地球的服务器需要由高速的宽带网络来连接。

（二）高分辨率卫星影像

高分辨率卫星影像可达到优于 1 米的空间分辨率。每隔 3～5 天为人类提供反映地表动态变化的翔实数据，从而实现"秀才不出门，能观天下事"的理想。

（三）空间信息技术与空间数据基础设施

空间信息是指与空间和地理分布有关的信息。为了满足数字地球的要求，需要开发影像数据库、矢量图形库和数字高程模型库三库一体的地理信息系统软件和网络全球定位系统，从而实现不同层次的互操作。国家空间数据基础设施主要包括空间数据交换网站、空间数据交换标准、数字地球空间数据框架和空间数据协调管理体系。美国于 2000 年初步建成了国家空间数据基础设施，我国也在抓紧建立基于 1：50000 和 1：10000 比例尺的空间信息基础设施。

（四）大容量数据存储及元数据

数字地球将需要存储 10 000 万亿字节的信息。1 米分辨率影像覆盖广东省的面积，大约有 1 万亿字节的数据，而广东省面积只是中国陆地面积的 1/53。所以要建立起中国的数字地球，仅仅影像数据就有 53 万亿字节，这还只是一个时刻的数据，多时相动态数据的容量就更大了。此外，为了在海量数据中迅速找到需要的数据，元数据（metadata）的建设是非常必要的，它是关于数据的数据，通过它可以了解有关数据的名称、位置、属性等信息，从而大大减少用户寻找所需数据的时间。

（五）科学计算

地球是一个复杂的巨系统，地球上发生的许多事件及变化的过程十分复杂而呈非线性特征，时间和空间的跨度变化大小不等，只有高速计算机才有能力来模拟一些不能观测到的现象。

利用数据挖掘技术可以更好地认识和分析所观测到的海量数据，从中找出规律和知识。科学计算能突破实验和理论科学的限制，建模和模拟可以使人们更加深入地探索所搜集到的有关地球的数据。

三、数字农业的概念

数字农业的概念是由美国国家科学院、国家工程院两位院士于 1997 年正式提出的。他们认为数字农业是通过数字技术对农业生产进行控制和管理的一种手段，它主要以信息技术为依托，实现农业信息化发展。数字乡村是指在农业发展过程中，通过大数据、人工智能等现代科技手段来赋予农民生产能力，加速农业现代化转型，实现农业生产和管理的科学化、信息化和精细化。

目前，对于数字农业，学术界还没有一个明确的概念。数字农业是指将互联网、大数据、物联网、人工智能等现代科技和信息技术与农业生产经营管理互联互通，形成农业物联网、农业人工智能、农业大数据、智慧化农业等专业技术集合体，从而实现农业生产和经营管理全过程的系统化、信息化、智能化和现代化。我国大力推进农业数字化发展，将信息化、智能化技术应用于农业生产、经营等各个环节中，推动农业生产向现代化、数字化转型，促进农业现代化高速发展，实现农业生产效率迈上新台阶。

数字农业与传统农业最大的不同之处是，它使"人"向"数据"转化，这是一个重要的决策要素。传统农业包括种植产业链、养殖产业链，一切都建立在"人"的基础上，主要靠以往的经验和手艺来做出判断和决策，这就造成了很多问题，如产量太低、受自然因素的影响太大、产品质量不能保证。在数字农业模式下，实现了数字技术与农业各环节的有效融合，通过监控设备和物联网传感器、无人机、定位导航卫星等数字设备所收集到的实时数据成为精准完成生产决策的核心；同时，借助智能物流和多样化的风险管理办法，可以大大提高农业产业链的运行效率，也确保了农产品源头的安全。

四、数字技术在农业中的应用

（一）智慧农业生产效率全面升级

随着科技的发展，智能化技术和装置已经成为农业的组成部分，从整地、播种、管理到收割，这些环节都要求智能的科技装置来完成。目前，中国已经形成了完善的智能方案，能够有效提升农业的工作效率和产品质量。通过将北斗精确导航与测控技术应用于拖拉机和插秧机上，能够大大提高农业作业的效能，做到条带清垄精确播种，有效避免复播、漏播、转行横播交错等重大问题，从而极大地提升田间作业的品质。通过农业航空精确施药技术，能够达到对灌溉的精确控制，从而达到探测、施药、雾化、质量评估、防效评价、病虫害检测等目标，达到全程可控、精确灌溉的效果。

（二）智慧农业生物防疫智能巡检

智慧农业的重要应用场景之一是养殖业，其中动物体温检测技术能够通过即时检测找到患病后体温上升的畜禽，从而及早采取防治措施。此外，动物禽舍专用传感器也十分有效，它能够有效地实施"碳达峰"和"碳中和"的措施，从而大大减少温室气体排放量。由于使用视频摄像头，我们能够实时监测动物的行为和营养状况。此外，巡检机器人和防疫消毒机器人还能够替代人类完成可能对人体产生伤害的工作。

（三）智慧农业生鲜产品冷链物流

智慧冷链物流是食品全产业链改进的重要组成部分，其中肉类、生鲜水果蔬菜尤为重要。为了保证农产品的质量，控制温度、检测温度，分析超市货架期，以及确保食品安全，信息科技起着至关重要的作用。"管理＋农业＋智能技术"旨在实现供应链的可感知、可监控和可调整。

（四）智慧农业育种降本增效

育种业一直被誉为现代农业的核心，它不仅是世界各国竞相争夺的科学制高点，而且也是当今全球种业公司巨头们追求的重要目标。机器学习、基因编辑、全基因组选择及综合生命科学等先进科学技术的发展，使得育种周期大大缩短，成本大幅降低，效率也大大提升，为农业发展带来了新的机遇和挑战。

随着科学技术的发展，美国已经步入了智能设计育种时期，通过巨量的育种信息和全过程的大数据分析控制，可以完成作物种植表型建模，并且可以通过决策模型来辅助育种专家开展精确杂交繁殖组合。近年来，许多国际种业企业通过整合和收购等方式，将人工智能技术与生物技术有机融合，以提升育种科研供应链环节的效率，提升其在国际种业的竞争力。

第六节　大数据与云计算技术

一、大数据技术

（一）大数据概述

1. 大数据的内涵

（1）大数据的起源

大数据是由英文"big data"直译而来的。大数据概念初露端倪是在 20 世纪 80 年代，出现在美国未来学家阿尔文·托夫勒的《第三次浪潮》中。1998 年，《科学》杂志在《大数据管理者》一文中正式提到"大数据"，但那时的"大数据"的含义不同于此时，只是对数据量大的表达，是数据的量化。随后的几十年，尤其是移动通信、互联网和云计算的出现，大数据的内涵也已宫移羽换。世人也认识到大数据的重要意义，关于大数据的技术、价值、应用等问题，世界顶级学术杂志相继出版专刊探讨，如《自然》和《科学》。2008 年《自然》出版了大数据专刊，全方位介绍大数据科学概念及其对各个学科研究领域产生的重大影响。2011 年《科学》出版了大数据处理专刊，讨论大数据科学研究的重要性。麦肯锡公司在其报告《大数据：创新、竞争和生产力的下一个前沿领域》中，阐述了大数据的定义、作用、巨大价值、关键技术等内容。至此，大数据以一个相对清晰的面目面向世人。2012 年，伴随着联合国大数据白皮书的发布，人类正式进入大数据时代。同年 3 月，美国政府发布《大数据研究和发展计划》，标志着大数据已经提升到了国家战略层次。人们对大数据的认识日益深刻，推动大数据应用于人们日常生活和科学研究等各个领域。

（2）大数据的多维解读

大数据已经是社会热点话题，但是对于大数据，并没有形成一个明确统一的定义。"横看成岭侧成峰"，不同的关注点，不一样的视角，对大数据均有不同的理解，如政府官员、企业老板、科研人员对大数据的解读截然不同。面对不断增加的数据量，以及出现的非结构化数据，传统的数据处理技术已然失效，各种新的数据技术应运而生，丰富了大数据的内涵。数据量的不断增加，以及新技术的不断出现，让数据改变社会变为现实，综合考虑各种要素，可以参考以下内容来解读大数据。

一是从量的层面，认为大数据是一种庞大的数据集合，又称"海量数据"，超出传统常规技术工具的收集和处理能力。最早对大数据进行系统研究的麦肯锡公司作出的定义：大小超出传统数据库软件工具抓取、存储、管理和分析能力的数据集。百度百科定义：大数据，或称巨量资料，指的是所涉及的资料量规模巨大到无法透过主流软件工具，在合理时间内达到撷取、管理、处理、并整理成为帮助企业经营决策更积极目的的资讯。麦肯锡和百度百科的定义都强调了大数据在体量上的大，这也是大数据早期较为普遍的定义。国际数据公司更是从大数据的"4V"特征来定义，即数据规模大（volume）、数据种类多样（variety）、数据处理快速（velocity）、数据价值高（value），这也被学术界广泛认同、运用，这些定义的提出是为了有别于"小数据"概念。

二是从技术层面，认为大数据技术可以从巨大的数据集中发掘数据的价值，这是传统数据处理技术无法比拟的。大数据庞大的体量、来源的多样、种类的丰富、质量的良莠不齐，使得大数据的传统数据技术体系在数据存储、处理、分析等环节面临着巨大的挑战。因此，有一些观点认为，大数据技术性体现为在海量数据中发掘数据价值。他们认为，大数据技术的应用是实现大数据价值必要手段，因此大数据是一种分析海量数据的新型信息技术，包括对数据的存储、处理和分析。美国互联网数据中心将大数据界定为："通过高速捕捉、发现、分析，从大容量数据中获取价值的一种新的技术架构。"

三是从价值层面，大数据蕴含着"大价值"。这种观点认为，大数据的体量大只是一种表象，大数据的核心是通过分析和挖掘大数据这一客体中所蕴含的规律和知识，从而形成强大的决策能力、判断能力和洞察能力。此观点的代表者有数据科学家维克托·迈尔·舍恩伯格（Viktor Mayer Schonberger）还有中国的邬贺铨院士。

四是从综合层面，将大数据视为一个广泛的综合概念，即认为大数据是数据集、技术、价值和思想方法等多个方面的综合。大数据之大并不仅仅在于容量之大，更大的意义在于通过对海量数据的交换、整合和分析，发现新的知识，创造新的价值，带来"大知识""大科技""大利润"和"大发展"。这种定义也被我国官方所采纳，《人民日报》曾从技术、价值观、方法论三重维度报道大数据。

大数据也是指综合意义上的概念，即数据的数据集、技术、价值与思维的有机统一体。

2. 大数据的特征

大数据的"4V"特征得到了学术界的广泛认可。

第一个"V"指的是 volume，海量的数据规模。与传统数据的数据规模相比，大数据的数据规模是十分宏大的。伴随着云计算、移动互联网、物联网的出现和发展，数据来源渠道增多，包括各种社交软件、智能家居、视频网络等，每时每刻都在产生大量的数据。过去，小小的兆字节（MB）存储就能满足人们的需求，但是随着数据量的与日俱增，数据存储的单位也由原来的吉字节（GB）发展到万亿字节（TB），之后又扩展到千万亿字节（PB）、百亿亿字节（EB）、十万亿亿字节（ZB）级别。

第二个"V"指的是 variety，多样的数据类型。数据来源主体的多元化决定了大数据种类的多样化，数据的来源主体包括个人社交平台、智能手机、传感器、浏览器等。来源的多元化必然会造成数据的杂乱无序，采集到的数据也分为可用数据、不可用数据，以及无关数据。同时，也使得数据的类型不再是单一的传统的结构化数据，还产生了各种半结构化、非结构化的数据，包括图片、视频、音频，以及智能工具、视频监控等设备产生的数据。结构化数据在我们日常生活中出现比较多，如淘宝、QQ 音乐、京东等平台会根据用户的习惯和偏好，形成用户的日志数据，对用户精准推荐，推荐他们可能会喜欢的东西，日志数据是结构化明显的数据。可是伴随着互联网的发展，许多半结构化和非结构化数据也已然成为新生数据来源。

第三个"V"指的是 velocity，数据的快速形成和流转。随着大数据的涌现，越来越多的用于处理密集型数据的架构纷纷出现。例如，通过运用集群效力进行高速运算和存储的分布式处理大数据的软件架构 Hadoop，其核心组成部分 HDFS 和 Map Reduce 可实现海量数据的存储与计算，在提升数据处理速度的同时又保证了数据的时效性。对于企业而言，利用大数据快速化这一特征可以及时了解市场所需，加快企业产品研发，为客户更好地提供定制化服务。

第四个"V"指的是 value，数据价值高。目前，各行各业对大数据所产生的价值高度认同。但是，在现实中所产生的大量数据中，不一定都具有价值。大数据价值的体现，需要将各种不相关的数据关联起来，实现数据共享，孤立的数据难以产生价值。所以，想要实现大数据的价值，就要去挖掘数据的相关关系，以便更清晰地分析问题。例如，乐购超市通过历史交易分析消费者的购买量、产品偏好、购买频率，为每个家庭制定精准服务。

所以，通过挖掘相关关系，我们可以从新视角认识世界，从而更全面地了解世界。大数据的价值不只在于分析数据，还在于预测和推荐。大数据预测，是通过分析历史数据，搭建数据模型，从而实现事情的预测分析，寻找出数据背后隐藏的信息，虽然无法对事情发生做出百分百的判断，但是可以让人们做好面对事情发生的心理准备。例如，对体育赛事的预测、用户行为的预测、股票市场预测、人体健康的预测、疾病疫情的预测等。

如今，信息的来源广泛、类型多样，但并不是每一条信息都具有参考价值。企业需要运用大数据系统对各类数据进行筛选，从中筛选出有效数据，并对其加以分析，实现企业管理数据化的变迁及应用，促进企业长远发展。

（二）大数据处理平台

1. Hadoop

Hadoop 可以很好地支持基于 Java 的 Map Reduce 作业。常用 Hadoop 框架的组件分别是分布式文件系统 HDFS 以及计算框架 Map Reduce，其中分布式文件系统给分析过程中的大量数据提供了稳定的存储，Map Reduce 通过并行计算的编程模型，允许开发人员根据需求编写分析计算程序，并将海量数据并行执行在集群中，从而可以快速完成大数据处理工作。

Hadoop 为大规模并行数据处理算法提供运行环境，它可以把分布式计算作业拆分成更小的任务，把数据分区、任务实例并行执行，每个实例处理一个不同的分区。

Map Reduce 计算模型框架会把海量数据存储到集群不同节点的分布式文件系统中，之后通过 Map 函数以及 Reduce 函数进行数据分析，最后将结果存储到分布式文件系统中。

2. Grid Gain

Grid Gain 是基于 Java 实现的 Map Reduce 的开源架构，它把数据源和各类数据处理程序连接起来，构建了一种根据内存的、实时分布式数据网格。其与 Hadoop 的具体区别在于以下几点。

①在 Reduce 阶段，由于 Grid Gain 的作业包含单个的 Reduce 实例，所以不能实现并行。

②它的 Map 任务返回值是单一的，为多个封装值。

③ Grid Gain 中的 Map 任务不会排序与合并中间结果。

④与 Hadoop 相比，Grid Gain 作业可被用户随意创建和终止，具有丰富的输入 / 输出格式。

⑤ Grid Gain 中的 Map 任务本地执行效率高，网络输入 / 输出的开销小，但在数据同步过程中存在木桶效应。

3. Mars

Mars 是一种能够在图形处理器上准确、高效地执行密集型作业的 Map Reduce 框架。Mars 能自动实现任务分发、并行化和线程管理，从而降低图形处理器编程的复杂性，其将任务均衡分配给每个线程，以小数量的键值将数据作为任务实例的输入，并通过一种无锁的方法来管理多任务实例，对数据充分整合来实现并发写入操作。

（三）大数据的关键技术

大数据技术，就是从良莠不齐的数据中快速梳理出高价值信息的技术，大数据处理关键技术一般包括大数据采集、大数据预处理、大数据存储及管理、大数据分析及挖掘。

1. 大数据采集

大数据采集，即从多渠道广泛搜集结构化和非结构化的海量数据。主要有三种采集方式。第一种是通过系统日志采集大数据，用于系统日志采集的工具常见的有 Hadoop ChukWa、Cloudera Flume、Facebook Scribe 和 LinkedIn Kafka 等。这些分布式架构的数据处理工具可以满足每秒数百兆字节的日志数据采集和传输需求。第二种是在互联网层面进行数据采集，将网页上非结构化的数据通过爬虫或网站公开应用程序接口等方式抽离出来，再利用结构化的方法集中存储在本地。网络爬虫的工具主要包括三类：分布式网络爬虫工具（Nutch）、Java 网络爬虫工具（CraWler4j、WebMagic、WebCollector）、非 Java 网络爬虫工具（Scrapy）。第三种是通过其他数据采集方法，生产数据和业务数据或学术研究数据，如有更高的数据保密性要求，可以通过与企业或者研究机构合作，使用特定系统接口等相关方式采集数据。

2. 大数据预处理

大数据预处理指的是对源数据进行清洗、集成、转换、规约等操作，筛选出基本知识点，过滤掉无用数据，为后期分析挖掘工作奠定基础。其中的数据清洗通常使用 ETL 等工具，实现对遗漏数据（缺乏关注属性）、噪声数据（数据存在误差、不满足期望值）、不一致数据的剔除。数据集成是指将多来源的数据重组集成到统一数据库进行存储。数据转换是指对筛选后提炼的数据不一致的地方进行规整，它相当于对数据进行的二次深度清洗，即根据业务驱动对目标数据进行筛查，以保证后续分析结果的精准度。数据规约是指对数据进行精细化处理，在不改变数据原貌的基础上，最大限度压缩数量，最终输出较小的数据集，具体包括数据方聚集、维规约、数据压缩、数值规约、概念分层等。

3. 大数据存储及管理

大数据主要通过以下三种路径对采集到的数据利用存储器以数据库的形式进行存储。第一种是基于 MPP 架构的新型数据库集群，采用 Shared Nothing 架构，结合 MPP 架构的高效分布式计算模式，通过列存储、粗粒度索引等多项大数据处理技术，重点面向行业大数据所展开的数据存储方式。凭借其低成本、高机能、高延展性的特点，被广泛应用于企业分析类应用领域。第二种是以 Hadoop 的技术延展和封装为基础，聚焦传统关系型数据中复杂的数据及场景，利用 Hadoop 开源处理非结构、半结构化数据，利用运行复杂的 ETL 流程及数据挖掘和计算模型的优越性，衍生出相关大数据技术的过程。随着大数据应用覆盖领域的增加，所辐射的应用场景也逐步扩大，目前最具代表性的应用场景就是以延展和封装 Hadoop 为地基，对互联网大数据进行存储及剖析，这其中包含了数十种非关系型数据库（NoSQL）技术。第三种路径是一种为数据查询、处理、分析而预安装和优化的软件与服务器、存储设备、操作系统、数据库管理系统等硬件相融合，专精大数据分析而设计的产品——大数据一体机，它具有良好的稳定性和纵向扩展性，能很好地满足大数据存储的需求。

4. 大数据分析及挖掘

从可视化分析、数据挖掘算法、预测性分析、语义引擎、数据质量管理等几个方面，萃取、提炼及分析杂乱无章的数据的过程，叫作大数据分析及挖掘。大数据的分析及挖掘手段从广义上来看包括以下几种。

①可视化分析，即将信息图表化，通过图表、图形清晰简洁地传达信息并进行交流的分析手段。多用于海量数据关联分析，即利用可视化数据分析平台，串联分析分散异构数据，最终形成完整分析图表的过程。具有简单明晰、易于观察及接受的特点。

②数据挖掘算法是大数据分析的理论核心，是主要通过构建数据挖掘模型来

对数据进行测试和计算的数据分析手段。数据挖掘的算法种类繁复，不同算法因涵盖不同的数据类型和格式，往往具备不同的数据特点。一般来说，构建模型的过程相对类似，先剖析来自用户的数据，然后根据特定类型的模式和趋势进行筛查，并依照分析结果定义构建挖掘模型的最佳参数，再将其参数应用于整个数据集，以便于提取可行模式和详细统计信息。

③预测性分析是大数据分析应用领域中关键的一环，通过联结多种高级分析功能（特别统计分析、预测建模、数据挖掘、文本分析、实体分析、优化、实时评分、机器学习等）来达到预测不确定事件的目的。帮助用户分析结构化和非结构化数据中的趋势、模式和关系，并利用这些指标来预测将来事件，提供依据以采取相对的措施。

④语义引擎是指通过对现存数据添加语义的方式提升用户互联网检索体验度。

⑤数据质量管理指对数据全生命周期的每个阶段（计划、获取、存储、共享、维护、应用、消亡等）中可能会衍生的各类数据质量问题进行识别、度量、监控、预警，进而提高数据质量的一系列管理活动。

（四）大数据技术在农业信息化中的价值

1. 有利于实现农业信息化建设的战略目标

农业信息化建设的过程不仅是提高农业智能化和科技种植水平的过程，更是实现农业可持续发展战略目标的过程，大数据技术不仅能够帮助农业信息化技术挖掘、储存、分析以及处理信息数据，还能够为农业信息化建设的全过程提供数据技术服务，从而彰显大数据技术在农业信息化建设中的突出价值。而现阶段，更多与大数据技术相关的科技应用应运而生，并且能够结合农业生产特征设计更合适的科技应用，从而深化大数据技术以及信息化技术在农业现代化发展中的应用价值，如云计算技术、云储存技术等，大数据技术推动了农业信息化科技产品的开发与应用。

2. 有利于进一步优化农业信息化资源配置

大数据技术能够优化农业信息化资源配置，结合区域农业信息化建设的具体目标与要求将农业生产资金、设施、人力以及生产技术等进行科学和合理的分配应用，进而优化农业生产经营结构。对于农业生产技术以及生产技术人员，大数据技术能够结合农业生产经营的现状以及要求设置合适的岗位，进而充分发挥专业农业技术人员的积极作用，另外，专业的技术人员也是推动大数据技术应用以及农业信息化建设的重要因素，因此必须加强对农业技术人员的管理，有效消除人力资源浪费以及消耗的情况。

3. 有利于改善农业信息化建设管理质量

大数据技术在农业信息化管理中也具有积极价值，其不仅能够为农业生产经营、销售方案以及决策等提供可靠的数据支持，还能够提供先进的管理方式。大数据技术能够提供云计算技术、传感设备等，对农业生产种植的全过程进行实时动态化的监控和记录，在降低农业种植人员负担的同时为其提供全面的种植数据，从而有序地开展农业生产管理活动，确保农业生产决策的科学性。

二、云计算技术

（一）云计算概述

云计算是一种比较抽象的概念，它被认为是一种资源或者是获取资源的方式，主要依靠互联网技术为用户提供服务。目前，云计算已经在各行各业得到广泛应用，它的灵活性、可用性和可伸缩性使得现代社会的生活模式发生了翻天覆地的变化。

1. 云计算的定义

云计算这个概念由谷歌（Google）的首席执行官埃里克·施密特（Eric Schmidt）在 2006 年 8 月首次提出。互联网技术的迅速发展使得传统的任务处理模式已经无法满足时代发展的需要，而云计算较好地给出了处理海量数据和大规模任务的方法。云计算在学术界、互联网和其他行业中逐渐应用和普及，是网格计算、虚拟化和并行与分布式技术发展带来的必然结果。但是，对于什么是云计算，大概不同的人有不同的见解。目前有两种比较权威的说法。

（1）美国标准化技术机构 NIST

云计算是一种模式，它提供了一种方便的按需使用的方式帮助用户获取想要的资源，即网络、存储或者其他服务，这使得多个用户使用并共享一台服务器的计算资源成为可能。[①]

（2）《云计算》作者刘鹏

云计算是一种新型的商业计算模型，通过将任务分布在各个资源池（数据中心），使用户能够按需获取计算、存储和网络等服务。[②]

---

① Mell P，Grance T .The NIST definition of cloud computing[J].Communications of the ACM，2011，53（6）：50-50.
② 刘鹏 . 云计算 [M].2 版 . 北京：电子工业出版社，2011.

2.云计算的特点

云计算能够将大量虚拟资源进行整合以便为用户提供可扩展的弹性服务。它作为一种商业化模式具有以下特点。

（1）超大规模

受全球数字化的影响，各行各业对存储和计算的需求日益增加。云计算拥有大规模服务器集群，能够为海量数据提供足够的计算、存储等服务能力。

（2）按需购买服务

用户只要根据自己的需求去购买相应的云服务即可，这种按需付费的服务模式使得用户能够便捷地获取资源。用户购买服务之后，便可以享受这些服务带来的便利，而无须关注运维等其他费用。

（3）高可靠性

云计算具有数据容错的特性，先进的计算机节点措施可保证这方面服务的可靠性。云计算使用领域广泛且非常灵活，在互联网平台支持下，为企业提供灵活多变的云计算服务，促使一个云平台满足不同行业需要。美国国际商用机器公司（IBM）最初提出云计算时，就提出了弹性计算云，从而云计算有了可伸缩的特性，因此云计算服务模式可以是动态伸缩的，进而满足不同行业用户的数据统计需要。不同企业的云计算服务要求不一样，云平台是一个非常庞大的无形平台，企业可按照需求选择合适的云服务类型，可使用非常经济的云计算服务，特殊的容错技术让数据节点形成"云"，云计算服务具有非常好的兼容性、可扩展性和通用性，可明显降低企业的数据管理成本。

3.云计算的服务类型

云计算根据不同的服务类型可以分为基础设施即服务（infrastructure as a service，IaaS）、平台即服务（platform as a service，PaaS）及软件即服务（software as a service，SaaS），同时它们也是云计算的三个层次。

（1）基础设施即服务

基础设施即服务位于最底层，是资源的一种抽象，它能够将硬件设备，如服务器、网络和存储这些基础资源封装起来作为服务提供给用户使用，如阿里云的弹性计算服务（ECS）和对象存储服务（OOSS）。在这种环境中，用户相当于在使用裸机，它可以运行在不同的操作系统上，用户只需要为所使用的资源付费即可。基础设施即服务最大的优势在于它的灵活性和可用性，它允许用户动态申请资源或者释放资源而对用户无感知，运行基础设施即服务的服务器规模十分庞大，因而用户可以申请无限的资源。但如果用户在多个节点之间进行交互的话就必须考虑多台机器的协同工作问题。

（2）平台即服务

平台即服务位于三种服务模式的中间一层，是对资源更进一步的抽象。它能够为用户提供可以运行程序的环境，比较典型的如 Google App Engine。平台即服务起着承上启下的作用，不仅要为基础设施即服务管理资源，而且还要为软件即服务提供技术支持环境。它自身负责资源的动态扩展，用户不必担心多个节点间的匹配问题。但是，用户的自主权没有基础设施即服务那样灵活，如 Google App Engine 只支持 Python 和 Java 语言编程。

（3）软件即服务

软件即服务位于服务类型的最上层，它的针对性也更强。它将某些特定应用软件封装成服务，用户无须关注硬件设备和软件环境，只需要通过云平台提供的网页访问即可。软件即服务既不像基础设施即服务一样提供运行应用程序的环境，也不像平台即服务那样提供资源服务。如今，很多中小型企业借助软件即服务提高了自身的信息化建设水平。

4.云计算的体系结构

由于云计算按照服务类型分成了三种类型，而且不同的云计算厂商分别针对不同的服务类型给出了自己的解决方案，但目前对于云计算的体系结构并没有一个明确的标准。不同厂商的技术方案存在一定的共性，一个可供参考的云计算体系结构可以分为四层，从下往上依次是物理资源层、资源池层、管理中间件和面向服务的体系结构。

物理资源层主要包括主机、存储、网络等设施，它是指云平台提供给用户的真实的物理设备。

资源池层是指将大量相同类型的资源以不同的服务方式构成同构的资源池，如提供计算服务的计算资源池、提供存储服务的存储资源池等，它主要向用户提供物理资源按照映射机制分配的虚拟资源。

管理中间件位于操作系统之上，它的主要作用是对云平台的资源进行管理，并对任务进行调度，使得资源能够高效、安全地提供服务。总的来说，它可以抽象为资源管理、任务管理、用户管理和安全管理四个部分。

面向服务的体系结构是一种松耦合的服务架构，不同服务之间能够通过定义接口进行通信，而不涉及底层的编程接口和网络通信模型。它将云计算能力封装成标准的网络服务，不同的服务接口可以通过这些服务进行交互。

（二）云计算的相关技术

1. 虚拟化

虚拟化技术是指在物理实体的基础上将具有唯一性的物理资源映射成同时存在的多份虚拟逻辑资源，是一种对实体资源的抽象技术，它是云计算中最关键的技术之一。虚拟化技术在云计算的发展历程中起到了必不可少的作用，因为它提高了云计算中物理资源的灵活性和可用性。

通过整合服务器的分散资源，从而能够更加充分地利用资源。它主要应用于基础设施即服务层，系统可以在较少的信息化成本下，保障系统的灵活性和高扩展性，实现云上快速扩展，满足复杂的计算需求。

2. 分布式数据存储

为了满足数据对高可靠性和高可用性的要求，国内外的云服务平台通常使用分布式存储技术对数据进行存储。这是由分布式存储本身的特点决定的，它将数据存储在多台独立的物理设备中。传统的存储方式主要将数据存放在集中的存储设备上，不能满足现代海量数据的存储需求。相比于传统的存储方式，分布式存储拥有较高的吞吐量，不仅能够提高系统的可用性和可靠性，还有着良好的扩展性。

3. 分布式计算

分布式计算技术是指将庞大的任务分割成大量的子任务之后分别利用计算资源进行处理，最后再将结果进行汇总。目前的主流分布式计算模型是 Map Reduce，它是由谷歌开发的分布式计算模型，能够有效处理大规模集群中的海量数据。它主要实现了 Map 和 Reduce 两个函数。Map 中指定了对子任务进行处理的过程，然后返回一个结果；Reduce 主要负责对子任务处理的中间结果进行归纳。

（三）云计算技术在农业信息化建设中的可行性

1. 政策扶持

农业信息化的建设效果离不开国家相关政策的支持和护航。我国是农业大国，农业发展问题始终是国家重点关注的问题之一，为了促进农业发展，国家制定并颁布了多种优惠政策，为农业信息化的发展奠定了坚实的基础。助农政策的颁布不仅能够有效增加农民的农业收入，还能加快我国各地区新农村的建设和发展，助力农业朝着更好的方向发展。

一直以来，我国对农业的扶持力度不曾减弱，因此，国家的相关扶持政策为建设农业信息化营造了良好的发展环境。

2. 科学技术支持

先进的科学技术为农业发展带来了翻天覆地的变化，大部分农村铺设通信电缆，建立农业网络，农业信息化对数据信息的收集与整理等均为建设完善的农业信息化平台夯实了基础。云计算技术在实际应用过程中对网络环境具有较为严格的要求，因此，随着农业信息化在农村的普及和发展，也为应用云计算技术提供了前提条件。

3. 经济基础支撑

随着社会的发展，我国国民经济得到了较大的发展，农村的经济收入得到显著的提升，农民的人均收入与以往相比成倍增长。新农村建设已经取得较好的效果，在此过程中计算机以及网络技术等也开始在农村普及和应用，人们的网络意识以及信息应用能力也得到了显著的提升。云计算技术的优势和特点被人们所认可，加上网络技术设施的建设，均为云计算技术在农业信息化中的有效应用奠定了基础。

4. 信息市场需求

身处网络时代，各种各样的信息技术已经成为支持人们生产和生活的关键因素，而农业发展亦是如此。在新时代背景下农业农村若想获得较快的发展必须充分认识到信息技术的重要作用。目前，城市人口对于农产品的需求骤增，网络中与农业资源相关的各种信息也层出不穷，因此，农业信息化已经成为现代社会的主要发展趋势。将云计算技术与农业的信息化有机结合在一起，不仅能够为广大的农民朋友提供更为精确和详细的农业需求信息，也能更好地促进农业的生产与发展。

第七节　区块链溯源技术

一、区块链概述

区块链是一个由多个参与方共同维护的并且持续增长的分布式数据库，存储于其中的数据或信息具有"不可伪造""全程留痕""可以追溯""公开透明""集体维护"等特征。而区块链能具备以上特征的原因，主要是区块链的数据结构和工作原理，通过上述内容的剖析，有利于相关区块链技术的改进和赋能其他领域的技术落地。

（一）区块链的结构

区块链在逻辑层面上可以理解为无数条由区块组成的链条，每条链条由多个区块前后连接形成，每个区块之间都存储着上一区块的信息，因此链条上每个区块的前一个区块也被称为当前区块的"父区块"，无数对"父子区块"连接起来构成一条区块链。每一个区块根据存储内容划分为区块头和区块体，区块头存储着上一区块的哈希值、时间戳等关键信息，区块体主要存储的是网络中各节点的交易账本。

（二）区块链的特征

区块链技术是众多技术融合改进的技术，大多用以达成各个参与方的互相信赖，区块链系统具有透明度高、无法篡改、隐私性高以及系统可靠性高等特性。

1. 透明可信

使用区块链技术组建的网络中的每一个参与节点地位都是同等的，不存在中心化的节点，任何节点都是以平等的地位发送或接收消息，任一节点都可以观测到整个网络中所有节点的行为，并将观测到的行为记录到本地的账本中，整个网络对于参与节点都是透明可观测的。

中心化网络的中心节点具有绝对的控制权，只有中心节点可以接收到所有交易。区块链技术的去中心化网络中，每次交易对所有节点可见，保证了系统对每个节点均是公平透明的，从而使得系统是透明可信的。

2. 无法篡改性

区块链系统中的交易一旦通过共识后，就会永久地存储在区块链中。在运用工作量证明共识算法的区块链系统，黑客需要掌握全网 51% 以上的算力才可能对已上链的数据进行篡改，在运用拜占庭类的共识算法的区块链系统中，一旦数据上链就没有被篡改的可能。

3. 隐私安全性

参与区块链系统的每个节点都拥有完备的交易上链逻辑，在交易的过程中既不需要特意地与其他节点建立信任关系，也不需要依靠其他节点完成交易。因为任何节点都不用依据其他节点的身份信息判断交易的有效性，所以各个参与节点之间可以完全不知道对方的身份信息。区块链系统中的用户身份标识就是用户本身的私钥，区块链系统不需要知道私钥的实际持有者身份，无论私钥的持有者是什么身份，都可以使用私钥参与系统的每次交易，从而用户的隐私得到了保证。

4. 系统可靠性

区块链系统的可靠性主要体现在两个方面：一方面是参与系统的节点都是对等地维持整个系统的运行，不会因为某个节点或某部分节点出现问题导致区块链系统停止运行；另一方面是区块链系统是拜占庭容错的，使用工作量证明共识算法的区块链系统可以容忍约一半以下的错误节点，使用实用拜占庭类共识算法的区块链系统可以容忍少于 1/3 的错误节点。

（三）区块链的模式

基于不同的共识机制实现的区块链网络的去中心化程度也不尽相同，这是因为不同的网络适用于不同的场景。一般来说，区块链按照中心化程度的不同而被划分为三种模式：公有链、联盟链、私有链。

1. 公有链

公有链是一种完全去中心化的区块链网络，网络内所有节点完全匿名，是一种任何人可以自由进出的区块链网络，最典型的公有链就是比特币。公有链一般采用工作量证明机制，这也导致其确认交易的时间很长，并且由于网络内节点过多，达成共识的能源消耗也较大，因此公有链一般并不适用商业领域。

2. 联盟链

联盟链是一种部分中心化的区块链网络，只针对特定某个群体的成员或有限的第三方。联盟链网络内通过选举部分节点进行记账，其他节点只参加交易而不记账，因此联盟链是一种去中心化结构，适用于行业协会、存在业务沟通的商业机构。此外联盟链为了提升交易速度而不采用工作量证明，替代其的是委托权益证明（DPoS）共识或验证池（PASOX 算法、RAFT 算法）等。

3. 私有链

私有链是中心化程度最低的一种区块链网络，对单独的个人或实体开放，特点是交易速度极快且隐私保障性更好。私有链网络内基本不存在拜占庭节点，即使只有少量节点网络也具有极高的可信度，并不需要所有节点来验证交易。

二、区块链的主要技术

区块链技术所用到的基础技术均是经历过多年发展已经成熟的技术，包含了共识算法、智能合约、数字签名以及对等网络等基础技术。虽然区块链技术是由具有开拓创新精神的学者们将多个优秀的成果技术组成的，但是区块链技术并不是"新瓶装旧酒"的技术，也不是简单地将现有的技术直接原封不动地应用，如在共识算法与隐私保护技术等方面更新的许多关键点，也将智能合约从一个基本的概念转变为可实现的现实。区块链主要的技术有以下几种。

（一）对等网络

对等网络（peer to peer，P2P）把网络中所有的接入节点对等看待，并且在这些接入节点之中执行任务和任务负荷分配，去除中心化的节点。对等网络的出现使得网络中不再需要中心服务器，突破了传统的客户端/服务器架构模式，其结构是可以通过用户群体集体运维的网络。在对等网络中，部分节点出现问题是不会导致整个网络无法运行的，具有很强的稳定性。除此之外，网络的容量随着加入节点的数量增多也会增大，硬件等资源也随之增多，所以网络中的节点越多，网络的稳定性和质量就越强。

区块链技术的设计中，每个参与的节点都需要维护统一账本，也就区块链网络中所有节点都需要接收每一次的交易。区块链技术中的这个设计理念与对等网络设计理念如天作之合，区块链系统中产生的交易不需要传递给所有节点，仅需要将交易信息传递给相邻节点，相邻节点收到交易信息后又会传递给自己的相邻节点，以此类推，所有节点均可以收到交易信息。

（二）数字签名

数字签名是运用算法将现实中的签名变为电子签名。数字签名多数使用RSA算法，也就是任何一个节点都拥有公钥和私钥。公钥是在网络中传播的密钥，任何节点都可以获取，用来验证身份和消息的真实性；私钥是节点单独使用的，其他节点无法获取，在对消息进行签名时使用私钥形成数字签名追加到原始消息中，不同节点对同一消息的签名结果差别巨大。

在数字签名时，对数据发送节点准备发送的原始信息使用哈希算法处理为数字摘要，然后使用私钥对其加密处理后形成的数据称为数字签名，将数字签名附加到原始消息中发送给网络中的其他节点；其他节点收到数据后会验证消息中的数字签名，首先对消息中的原始消息也使用同样的哈希算法处理得到哈摘要 A，然后在网络中获取发送节点的公钥，使用公钥解密消息中的数字签名得到摘要 B，最后对比摘要 A 和摘要 B，如果 A、B 相同则代表验证通过，反之则不然。

使用区块链技术搭建的网络中的任一节点都拥有一对公私钥。产生交易的节点传递交易时，首先使用本节点的私钥对交易的内容进行数字签名，然后将数字签名随着交易一起发送给其他节点。其他节点接收到交易后，首先使用发送节点的公钥验证交易中的签名，验证通过后才会执行本次交易的后续流程。

（三）智能合约

区块链技术的出现将智能合约从理论研究落地到现实应用后，区块链技术自身的发展也因为智能合约的引入进入了新的阶段。最初，区块链技术仅用于各种不同的数字货币，其中最出名的就是比特币，以至于大多数人都会认为区块链技术就是比特币，在引入智能合约后，区块链的应用迅速拓展到了募捐、投票、金融、溯源等不同领域。

智能合约是一段在满足既定条件时自动执行的程序，它将传统的纸质合同变为电子合同并在区块链平台中自动执行，智能合约一旦部署到区块链中，就会随着区块链的运行变得不可更改，区块链的不可更改性为智能合约提供了可靠的运行环境。在智能合约中预制触发条件和响应规则，一旦外部数据触发智能合约预置的条件就会自动触发对应的响应，并且执行的结果会永久地记录在区块链中。

三、区块链溯源技术

（一）区块链用于溯源的可行性研究

溯源系统要实现的目标主要是使产品具有可追溯性。可追溯性是指通过工具或者手段可以追溯到一个产品从田地到售卖流转过程中的任一环节相关的产品关键信息，如农产品的溯源，主要收集农作物种子品种、施肥和农药喷洒、加工检验、物流流通等关键信息。消费者或者监管平台可以通过溯源系统查询到农产品的所有相关数据，并且可以对购买的商品进行溯源及真实性验证。

传统的溯源体系主要是将各环节的流程信息存储在一个个中心化的数据信息系统内，一些黑心商贩利用各环节信息不同步的漏洞，制造假冒伪劣产品贩卖给消费者，给消费者和品牌带来很大损害。在农产品溯源领域，一个农产品从种植到售卖往往需要很多个环节，不同环节之间主体大多是不相同的，各个环节之间又存在着大量的交互和协作，但信息无法及时同步的限制导致了溯源流程中的每个环节无法及时地了解到其他环节的状态。一旦某个环节出现不利于自身的问题时，很难确保农产品的数据依旧真实、可信，也影响消费者对于产品品牌和食品安全的信任度，更限制了溯源行业的发展。

区块链技术自身具有去中心化、开放透明、无法篡改、匿名的特性，天然与溯源系统的诉求和目标相匹配，将区块链引入溯源系统，能够弥补传统溯源系统的不足，主要从以下两个方面进行分析。

1. 政策扶持

国家和政府层面已经在逐步加强对溯源行业的建设和区块链技术的应用。工业和信息化部、农业农村部、国家市场监督管理总局指出要建立覆盖全国的重要产品追溯体系。习近平总书记则提出区块链技术的集成应用在新的技术革新和产业变革中起着重要作用，要把区块链作为核心技术自主创新的重要突破口，加快推动区块链技术和产业创新发展，要探索"区块链+"在民生领域的应用，积极推动区块链技术在教育、就业、养老、精准脱贫、医疗健康、商品防伪、食品安全、公益、社会救助等领域的应用，为人民群众提供更加智能、更加便捷、更加优质的公共服务。

2. 技术因素

区块链的去中心化主要是通过分布式存储来实现的，这可以解决传统溯源系统将数据存储在一个中心的问题，传统的溯源系统如果中心存储数据遭到攻击，很有可能导致整个溯源系统和追溯体系崩溃。而区块链的分布式存储为录入节点的数据打上时间戳标记，并按事件发生的先后顺序进行连接，通过共识机制同步到链上的所有节点，使得所有节点都可以共享农产品的所有信息，具有可追溯性。即使某个节点被攻击或无法访问，依然可以通过其他节点进行访问，保证了数据的安全性。同时也便于国家监管部门的监控与介入，一旦出现质量安全问题，可通过区块链快速查明问题发生的具体环节并进行问责，有效地提高了监管效率。

区块链的共识机制则保证了农产品溯源数据的真实有效。共识机制即整个系统需要区块链上所有节点拥有共同的认识，所有能够进行数据记录的节点共同维护一个系统，如果攻击者想修改区块链上某个环节的溯源信息，那么必须控制超过半数的区块链节点，而这一环节需要消耗大量的计算机资源来进行计算，这对于攻击者来说完全是得不偿失的。与传统的溯源系统相比，区块链系统的共识机制可以保证数据信息不被篡改。

（二）区块链在溯源系统中应用的案例

随着国家政策的扶持和消费者对于食品安全的诉求越来越迫切，国家与各个企业对于食品溯源越来越看重，开始逐步探索将区块链用于溯源领域的可能性，并且搭建了一些区块链溯源平台。以下为部分落地的溯源平台案例。

京东在精准扶贫领域创新运用区块链技术，记录农产品从养殖到餐桌全生命周期各个环节的重要数据。结合物联网和区块链技术，建立科技互相信赖的机制，保障数据的不可篡改性和隐私性，实现全流程追溯，为商品全流通过程保驾护航。通过一物一码追溯管理，帮助政府提升监管效率，做到来源可查、去向可追、责任可究，传统产品召回需要 3 ～ 5 天，全程追溯商品 5 分钟内便可以联系到消费者。

2020 年 6 月，浙江省市场监督管理局借助蚂蚁区块链和阿里云技术建立"浙冷链"，实现从供应链首站到消费环节产品最小粒度包装的闭环溯源管理，进一步健全了食品安全追溯体系。

·京东联合福临门、十月稻田等粮油品牌，在生产线中对每件商品的外包装产品赋码，按生产批次建立基于追溯码的防伪追溯体系，消费者扫码可查询产品真伪信息、原粮信息、生产加工信息、检验认证信息和物流信息，让消费者体验产品从种子到餐桌的全过程。同时，企业可按批次管理产品出入库信息，实时掌握产品库存情况，结合一物一码营销同消费者二次互动，促进复购，提升销量。

区块链的技术特性在溯源领域表现出较好的应用效果，同时也体现了区块链应用于溯源领域的价值，主要表现在以下三点。

①在技术层面，将区块链中的技术手段应用于溯源平台，确保了数据的真实性和可追溯性。

②在应用层面，智能合约帮助解决溯源的关键问题，即信息不同步、不流畅的问题，能够提供有价值的服务。

③在生态层面，区块链技术可以真正打造多中心、按劳分配、价值共享、利益公平分配的自治价值溯源体系。

四、区块链溯源技术在农产品中的应用

（一）数据可信存储

1. 实现区块链的去中心化农产品溯源数据可信存储

根据原始数据和溯源信息存储的方式不同，建立农产品溯源信息存储模型，包括原始数据—溯源信息区块链存储模型，链上—链下溯源信息存储模型。将原始数据和溯源信息都存储在区块链下，通过哈希函数提取溯源信息的摘要上链的存储模型，并通过智能合约提供数据溯源数据访问接口。

2. 实现区块链的农产品溯源数据存储优化

将农产品数据的历史状态、依赖关系等关键信息作为溯源信息构建默克尔有向无环图，保证区块上的状态索引包含指向该块上所有最新状态的指针，从而支持对最新状态版本的有效访问。基于布隆过滤器的扩展区块头结构，可以有效地定位特定类型的记录并判断是否已经在区块中。

（二）数据安全共享

1. 实现区块链的农产品溯源数据安全共享

制定农产品溯源数据共享策略，通过隐私数据上链规则，为溯源数据的安全共享提供支撑。基于群签名、环签名、分组签名等技术的溯源数据共享加密方法提高全流程共享的安全性；基于带外数据的加密传输共享机制，保障参与方之间可以形成可信的、权限可控的、传输安全的共享。制定基于区块链的溯源数据访问控制策略。通过判断数据使用者是否具备访问某隐私数据的权限来实现参与方的可信密钥管理。在此基础上，制定参与实体身份确权规则，保证请求方获得访问相应数据的权限。

2. 实现区块链的溯源数据标识

为每个参与实体设计唯一的身份信息及数据参数信息。使信息维护者更全面地获取产品信息，避免在溯源过程中产生的信息割裂问题。利用产品和参与者的标识，认证授权中心可以通过智能合约的方式自动对产品开放权限，保证数据维护的有序性与可靠性，防止非相关节点违规操作，实现系统有序、严谨、全面地跟踪产品并维护产品信息。研究标识技术来记录和查询产品状态、属性、位置等信息，全方位记录产品信息数据，为各实体间提供透明化的溯源信息共享。

第五章 农业信息化发展的基本策略

加强农业信息化建设有助于提升农业生产力、促进农民增收。当前,农村信息基础设施虽有成效,但仍存在一些问题。必须不断增强各级政府的信息化建设意识,完善基层信息服务体系,采用政策激励、教育培训等手段强化信息服务队伍建设,才能更好地发挥信息化建设在现代农业生产领域的优势。

第一节 农业信息化队伍建设策略

一、加强农业信息化技能培训

科技的进步改变了农业的生产方式,农业生产不再是以往简单的劳动力叠加。农业机械化与农业信息化让农业劳动生产率得到极大提高,对农业劳动力的技术与知识储备有了更高的要求。农业信息化是农业科技进步的表现形式之一。

农业信息化发展需要人才的支撑,特别需要既有农业生产经验又拥有农学与现代信息技术等知识的复合型人才。新的科学技术成果提高农业生产能力的程度,在一定条件下取决于农业从业人员的综合素质。培养农业信息化人才,培育新型农民,推动农业现代化,振兴乡村经济。增强农业从业人员学习意识,提高农业信息服务人员的素质,提高信息化人才的待遇,提供持续性的技术支持。信息化人才培养需要建立人才培养体系,设立相关管理部门,明确责任人负责制,优化培训形式、完善政策法规支持、建立人才培养反馈机制。

农业的信息化发展对于农业从业人员有着相应的素质要求,为此需要注重相关人才的培养。农业从业人员自身的信息知识储备量与使用情况在一定程度上影响着农业信息化发展。培养农业信息化发展需要的人才以支撑农业信息化建设是发展农业信息化的要求之一。人们需要进一步增强人才的培养意识,推动信息技术与农业发展融合，促进农业信息化转化，让农业具有信息科技的力量，提高农业的生产效率，推动乡村经济进一步发展。相关信息化人才培养须建立更好的培养体系，成体系地培养农业活动中所需的人才。整合现有的人才培养资源，设立有关的信息化人才组织培养部门，将农业科研院所、相关院校的专业学生、农村信息服务中心技术员、农业活动中具有一定成果的农业从业人员、农业产业的企业优秀员工与管理人才组织起来。通过互联网进行线上交流学习，同时不定时组织线下交流会，对于农业活动中遇到的问题请教相关人员，同时分享农业生产活动中的经验。政府组织并提供相关人才的交流渠道，将这些农业信息化相关人才作为信息化推进的引擎。渠道的建立应惠及更多的农业从业人员，以现有的区县农村信息服务中心为信息化人才培养的基本单位，对农业从业人员进行农业培训，培养高素质的农业从业人员作为农业信息化建设的基础。完善政策法规以支持人才的培养，明确相关人才的评定标准。

农业的信息化人才不仅要有信息化研究人才，还应该有信息化的推广人才与产业管理人才。在农业生产活动中运用科学信息技术取得突出成果的产业人员也属于农业信息化人才。在人才评定总则之下，根据实际情况设立不同的评定准则，尽量发掘农业信息化人才。同时对于农业信息化人才的培养须建立一定的反馈机制。设立线上与线下反馈平台让人们可以反映培训中存在的问题，组织者对培训中存在的问题进行统计分析，然后给相关培训单位做出指导。

信息化人才的培养需要人们监督的同时也需要人们宝贵的意见，通过培养反馈机制来建立循环，不断改进人才培养模式，让人才的培养适应农业的发展。农业的效益与其他产业存在一定的差距，所以在一定情况下，需要对人才给予待遇倾斜，吸引信息化人才进入农业领域工作，以保证农业信息化人才培养的良性循环。相关信息化人才在培养后还须留在农业相关产业领域里，在政策上给予一些倾斜，财政上给予一些补贴，对于拥有相关意愿且取得评定的人才，应该尽量在生活上给予保障，提高农业信息化人才的住房和社会保障、子女教育等方面的待遇。政策倾斜与财政补贴的效果是有时效的，应该提高农业产业的整体效益，并将效益惠及农业从业人员，以保证农业对于劳动力的吸引力。充足的农业劳动力才是农业信息化人才培养的保障。鼓励人们对现代农业的投入，树立模范并宣传。注重基层高位信息人员情况，特别是对于坚守在乡镇的农业信息人才，在基层推动农业信息化，不仅需要专业知识，还需要与群众建立良好的关系，应该扩宽其上升渠道，综合考察其技术与实践成绩。

网络教育可以突破空间限制，便捷灵活且易于自主选择所学科目。发挥网络教育的优势，通过互联网和手机对农业从业人员进行培训，经过系统性的学习提高相关人员的知识水平，推进农业信息化发展。考虑农业从业人员的需求并结合农业产业发展，通过网络培训对政策法规、农业知识、农业管理、市场分析等方面的知识进行讲授，健全农业网络培训体系，在政策、资金、人员等方面给予支持，整合农业教学资源，与各科研院所合作，通过网络平台共享教育资源，同时建立反馈机制，收集分析培训人员的反馈，对培训内容、方法和技术不时进行改进。

二、加大信息化人才的引进力度

要进一步加大对农业行业以及信息行业人才的引进力度，增加对从事农业和信息化行业的高精尖人才的引进数量，制定相对应的激励机制并积极响应。同时，要出台相应的减税降费措施，为大学毕业生、农民工以及退伍军人等人员回乡创业创造良好的营商环境。充分依托乡村振兴人才驿站，打通农业信息人才服务"最后一公里"，集聚农业信息优秀人才资源，为推动农业信息化的高质量发展提供重要的人才支撑，进而推动农业信息化的发展。

三、加强复合型农业技术推广队伍建设

随着信息技术的不断发展，必须加强复合型农业技术人员队伍建设，以举办培训班、短期培训课程等方式培养农业技术骨干，通过示范引领提高农民对新技术的接受能力，提升农作物管理水平。我国农业信息技术的快速发展离不开智能化技术的应用，应确保平台建设及人才队伍建设，从政策、体系及技术方面进行投入，提升农业信息技术水平，促进我国农业生产的健康稳定发展。

第二节　农业信息服务体系建设策略

一、搭建农业信息服务体系技术框架

（一）搭建基础数据层

基础数据层主要包含资源性资产数据、经营性资产数据和非经营性资产数据。

1.资源性资产数据

资源性资产数据主要包括农村耕地资源数据、草地资源数据、林地资源数据、山地资源数据、河流资源数据、鱼塘资源数据、荒地资源数据、矿产资源数据等。

2.经营性资产数据

经营性资产数据主要包括资金、农副产品、厂房、机械设备、生产用地、车辆、宅基地、劳动力、技术等数据。

3.非经营性资产数据

非经营性资产数据主要包括公共基础设施、集体办公设备、医务室、幼儿园、小学、图书室、科技展览室、文体活动室、自来水厂、污水处理厂、垃圾转运站、水泥道路、路灯等数据。

（二）搭建信息基础设施层

①通信网络基础设施主要指 5G 通信网络和量子通信网络等。利用 5G 技术，形成一批"5G+ 种植""5G+ 农场""5G+ 水产""5G+ 乡村旅游""5G+ 乡村物流""5G+ 乡村教育"等乡村数字经济实践发展新模式。

②新技术基础设施指支持区块链、云计算和人工智能等新兴信息技术的新技术基础设施。

③算力基础设施主要指依靠机器学习、遗传算法、量子计算、模式识别、粒子群算法、神经网络算法等实现农村经济发展大数据智能计算的有关基础设施。

（三）搭建技术支撑层

①大数据：利用大数据理论、方法、模型和技术，采集和整合农村"三资"大数据、农业种植养殖大数据、农产品生产生命周期大数据以及农村制造业大数据，形成农村数字经济发展大数据中心。

②云计算：利用资源虚拟化技术和分布式计算技术，充分发挥其在农村电子商务、农产品流通、农产品质量管理和农村智慧物流方面的作用。

③物联网：利用物联网技术，依靠各种传感器，如温度传感器、湿度传感器、光照度传感器、氧气浓度传感器等设备，对农作物生长环境进行全面监测与管理。智能高效管理农村固定资产以及相关移动设备，发挥其在物理感知、数据传输及服务应用方面的优势。

④人工智能：利用人工智能技术实现种植业智能化、畜牧业智能化、渔业智能化、制造业数字化等。

⑤区块链：将区块链技术应用到农村互联网金融中，实现农村金融高效监管、隐私保护和信用管理。

⑥电子商务技术：利用计算机技术、通信技术和网络技术，实现农村商务交易过程的电子化、数字化和智能化。

⑦社交网络与全媒体：利用社交网络发展农村电子商务，融合新一代移动互联网，发挥全媒体技术在农产品销售、乡村旅游以及农业观光等方面的作用，形成"农业＋社交网络＋全媒体＋资源"的农村社交网络发展新模式。

⑧地理信息系统：利用区域地理信息系统，管理农村各类资源，如耕地、林地、草地、池塘、河流和荒地等，对其地理空间分布数据进行采集、存储、运算、分析、管理和应用。

⑨无人机：利用无人机搭载移动技术终端，在农业测绘、农村物流、环境监测、农林植物保护、播种、农药喷洒、施肥和收割等方面发挥无人机的作用。

⑩其他相关信息技术应用在农村数字经济发展中，如虚拟现实技术、全球定位技术、智能农机技术、遥感技术、农业机器人等。

二、构建互联网信息服务体系

从农业信息供给主体看，主要包括政府和与农业相关的事业单位、从事农业生产和信息服务的企业、农村合作经济组织、个人。农户利用农业信息载体的能力较差，不能完全发挥农户的主观能动性。

对农户的农业信息服务需求进行调研发现，农业信息服务存在供需载体错位的现象。农户普遍将电视和手机作为获取信息的载体，但通过调查发现，政府部门和农业合作社在农业信息供给方面更具有针对性，而手机和电视作为现代媒体，所发布的农业信息通常多而繁杂，精准性无法保证，因此农户的信息需求明显降低。现场信息供给平台中，农业展会、合作组织和个人这三类渠道供给小于需求，农户希望可以获得实际的农业信息服务，通过一对一定向培训的方式来获取、学习和应用农业信息。但是，由于农业相关部门的管理和专职信息人员工作存在不足，导致这类渠道的供给不足。因此，在构建互联网信息服务体系时，可从以下两方面进行考量。

一是政府应建立健全农业信息制度及政策法规，并落实监督责任，维护信息主体的权益并积极促进信息共享。政府部门在农业信息服务组织架构上还未设立专门的农业信息服务中心，没有资深的信息技术专员。农业信息服务是一个注重信息积累的过程，整体工作不易取得成效且时间漫长，因此，有关部门要加大对农业信息服务的重视度，设立专门的农业信息服务中心，制定专门计划，配置专职的农业信息服务专员，加强基层农业信息专员的信息执行能力，及时捕捉、分析市场信息动态，在确保信息真实、有效的前提下，及时采集信息，及时汇总信息，针对不同的受众群体及时分类发出信息，同时也能合理规避由于信息错误、信息延迟给农户带来经济损失。

二是以往农业信息服务多从供给侧生产端进行调整，需求侧很少。政府与企业合作从需求侧下手，对农户进行正向引导，搜寻农户需求意愿较为强烈的信息板块，通过网络建设开通与农户的联系渠道，从区块链赋能平台，结合物联网、大数据等新一代技术，汇集企业和农户个体的数据，建立农业信息网络，与此同时，应根据《国家综合立体交通网规划纲要》，围绕便捷顺畅、经济高效、绿色集约、智能先进、安全可靠的理念，在农业信息服务建设体系选择中顺应现代化高质量国家综合立体交通网的发展目标，在此前提下，选择农业信息平台时结合农户实际需求，考量当地农户特点，设计开发并选取简单、易操作的系统，确保农户对运用网络信息的积极性得以显著提高。

三、整合农业信息资源与构建网络平台

农业信息服务相关工作的开展离不开完善的网络服务体系与信息资源整合平台，当前尚未建设综合性的农业信息基础数据库，无法实现资源的整合，加上数据库的建设需要大量的资金保障，无法建设完善适应所有作物种类及养殖种类的专业化系统。

基于此，要建设应用型的农业信息系统，首先要注重农业信息资源的有效整合，因地制宜建设应用型的农业信息系统，在统一农业资源数据库与专家系统建设规范与标准后，结合水稻、生猪、淡水鱼饲养及水果基地的打造与发展，选取具有一定生产规模的产业带作为区域特色种植种类及养殖种类，开发具有一定针对性的农业数据库与专家管理系统，重点发展水稻、蜜柚、茶叶等种植业。相关政府部门要通过招标的形式，吸引信息技术企业与科研院所等按照项目要求设计农业数据库及专家系统网络平台，实现全国农业信息部门资源的有效共享，为农民提供农业信息资源。要注重农业资源数据库及专家系统的维护，注重对系统日常的维护与运行管理，及时更新相关技术，为农业发展提供生产指导与保障，促进农业生产的信息化、科技化发展。

在农业信息资源整合的基础上，要积极构建农业信息网络体系，有效地连接政府部门、农民、涉农企业等相关主体，提高农业信息网络体系与农民的互动性，

增加信息量，网站要重点发布农民生产生活信息、产品供求信息及农产品的价格信息等，整合政府工作动态、政府通知公告、政府政务公开等相关栏目，并增加农事指导内容，通过视频、音频、图片讲解与演示的方式，为农民开展农业生产工作提供有效的技术指导。网站要及时更新相关的惠农政策，宣传农业新技术、农业生产规划及农产品供求等相关信息，为农民获取最新的农业信息提供平台，同时要结合农业生产方式与结构进行不断调整。

四、提高农户信息获取、评估与使用能力

合理提高农户获取、评估与使用信息的能力，可以从以下两个角度入手。

一是农户对种植、养殖信息，农业政策信息，职业技能培训等关注度最高，要改善传统的传播理念，以农户易于接受的方式，适当加大农业信息宣传力度，持续开展信息宣传工作，合理组织一系列丰富多彩的宣传活动，提高农户对信息服务的重视程度，借助传统媒体和现代媒体等形式，扩大传播农业信息思想，不断加大农业信息支持力度。

二是农户自身信息意识相对而言比较薄弱，要合理提高农户信息素质，提升农户整体文化水平，从根本上转变落后理念，不断增强农户的信息意识。

五、加强政策指导与资金投入

（一）降低信息获取成本方面

以农户为目标，引导农户从被动获取信息变为主动支付信息获取成本，政府通过给予补贴、碳税返还等激励机制来实现低碳农业目标，更多地创造与农户交流互动的机会，有效准确地为农户提供产前、产中、产后的各类信息资源，形成提高农户收入、降低农户信息获取成本的局面。

（二）资金投入方面

要保证农户获取信息成本不断降低，政府应当不断增加财政投入力度。由于农业信息服务建设自身具有公益性、服务性特征，再加上农业信息服务主体及政府资金资源以及协调控制能力的优势，农业信息服务体系的建设需要政府财政大力支持，在农业信息服务系统方面增设一些专项资金，用于建设农业信息服务体系，并鼓励相关企业参与到农业信息服务发展中，积极发挥企业的主观能动性，在信贷、税收方面给予企业及农业生产者更多的政策支持，逐步形成以政府为主导，企业等组织参与的多元化建设格局。

除政府之外，应对农户进行一定资金补贴，鼓励农户购买有效的农业信息，让企业在农业信息服务体系中作为组织者为农户提供服务。

（三）政策指导方面

需要对城乡农户的支出结构进行有效调控，在一定程度上减少不明非消费性支出所占经济支出的比重，积极采取措施降低农业信息获取成本，同时不断加强对农业市场的监督与管理工作，确保农业信息科学有效供应，对农业信息获取所要支付的价格加以调控。在这个过程当中需要政府的政策指导，各级政府可将农业信息服务纳入整体政策考量，制定专项制度。

六、建立政企合作机制

从政府所起到的主导作用来看，可借助农业科技园区诸多龙头企业的便利条件，积极鼓励这些企业发挥自身的带头作用，设立农业信息顾问专员作为政府与企业之间的桥梁，提供适宜当地农业发展的各类信息，这也为龙头企业与农户以及农业市场之间建立了十分紧密的联系，对于农业信息也可以保持比较高的敏感度，因此可以让龙头企业在农业信息服务体系当中作为核心组织为农户带来更多的经验。最后政府和龙头企业在信息供给总量方面将农户的需求作为主导，尽量为农户提供较丰富的信息资讯。

七、优化农业信息发布

（一）农户层面

针对农户获取农业信息的时间进行合理优化，农户普遍具有年龄偏高、文化水平偏低等问题，在接受新信息、新理念、新政策时容易存在质疑、抵触心理，在获取农业信息服务时间上不够敏感。因此，要从根源上转变其固式思维，应先从现场供给平台着手，建设农业信息服务站，配置农业信息服务专员，由点及面逐步深入，结合区域特点，适时提供相应的农业信息服务，将农业信息服务成果带来的效益传达给农户，缓解农户心理上对信息这一概念的顾虑，主动接受农业信息服务。

（二）政府层面

对于相关农业主管部门而言，应当将不断优化农业信息服务体系建设作为一项重要工作列入议程当中，对农业信息服务效果进行合理评估，不断改进服务管理工作，努力找出农业信息服务供给方面存在的不足，结合农户需求的差异性，做好相关农业规划工作，保证农业信息服务可以更加及时有效。在最短时间内进行不断调整，促进农村经济的可持续发展。

（三）高校和研究机构层面

科研高校积极主动与政府对接，为社会提供农业信息资源，有效配置农业信息资源，将农业管理、农业科技、农业信息等人才循序渐进、层级化地及时输入各大涉农单位，将现代农户作为对象，将科研成果转化为农户易接受的方式，及时通过信息载体传达给农户。

同时，通过构建科研资料数据库，将科学技术成果以信息的形式发布给农业管理部门，为政府提供及时、准确、权威的信息，在现代农业发展进程中实现生态宜居、乡村繁荣、农民创收的社会责任和使命。

八、开展多元化的科技咨询服务

落实科技咨询服务的主要目的在于进一步解决农村农业信息化专业人员缺失的问题，同时也可以让农民成为信息科研成果的使用者和推广者。农民是建设社会主义新农村的主体，同时也是享受农业经济水平提升带来的效益的受益者。为了进一步解决"三农"问题，还需要针对广大农民进行培训和教育，使其成为懂技术、有文化、会经营的团队，这样才可以提升农民的整体素质。而想要满足这样的需求，应积极联动各部门，借助农村原有的日常生产生活习惯进行宣传，如绝大部分农村有"赶集"习俗，可以直接利用这一习俗进行专家现场解答、发放光盘、张贴宣传海报等活动。这不仅能够丰富农村的日常活动内容，更可以让信息化农业体系的拓展更具生活化特点。部分政府更应该加大对农村信息工作人员的培训力度，全面提升其服务能力和服务意识，尤其是收集信息、传播信息以及整理信息的能力。农业信息工作人员也需要及时掌握农民、农村、农业的具体发展现状，确保为农业经济发展提供专业、周到的信息化服务。

九、完善信息化服务能力建设的规章制度

科学的规章制度可以显著提升业务处理效率，但是农业信息化的普及要涉及具体的乡村，村级行政单位存在规章制度不够规范、人为主观操作的情况，村级的规章制度直接影响到农民的切实利益，如果各项政策不按照流程开展，将会导致农民的合理利益受损，缺乏服务公平性，因此要聚焦于村级规章制度的完善，

并予以落实开展，选择具备较高法律素养的信息员，村级规章制度的完善需要长期坚持才能革除弊病，建立完善的服务组织体系，上下一心，才能获得较理想的成果。

与此同时，应该设置合理的监督单位，对制度的实施情况予以定期考核，这样可以有效避免人为的恶意操作，同时为农民提供意见反馈渠道，只有这样才能实现农业信息化发展目标，合理地对资源情况进行配置，推动农业长足稳定发展，同时在农业信息化的过程中，不断提升农民积极性，落实农业信息化发展战略，形成相互促进的良性循环。

第三节　农业信息资源开发与利用策略

一、拓展信息化资源渠道

农业发展需要全社会各方同时合作，不能仅依靠当地政府的力量。因此，需要在利用信息化发展农业的基础上拓宽获取农业资源的信息化渠道，例如，通过互联网、物联网等建立新型资源获取平台，并定期更新平台上的内容，充分利用社会整体资源，调动社会与市场资源。充分发挥资源配置的重要作用，不断整合农业数据及资源，拓宽农业信息化的资源渠道，促进农业的进一步发展。

二、加强农业信息资源共享与整合

为服务于现代农业发展，相关部门要构建凸显自身服务特色的农业信息数据库。为全面开发与利用各类农业信息资源，需要建立信息资源目录、交换信息目录体系，搭建公用数据共享交换平台，以便将实时性、实用性的农业信息资源提供给政府、企业与农户等相关主体。

同时，为提高农业信息服务水平，需深度整合农业信息资源，从农业生产的产前、产中以及产后等角度统筹整合市场、农资、气象、政策法规等各个方面的农业信息，配套建设对应的农业信息数据库，如农业生产信息库、农业资源信息库等，于同一个平台中共享农业信息资源，避免出现资源浪费、重复建设等问题。

由于不同地区存在着差异化的环境条件与耕作模式，产生了不同的农业信息需求。面对这种情况，需要做好特色化农业信息资源的开发工作，搭建凸显地方特色的农业数据库，以便更好地服务于当地农业的发展。此外，要进一步完善农业信息服务体系，从产前、产中以及产后等方面向广大农户提供有针对性的、实用的指导服务。

三、加大农业信息资源开发利用的资金投入

农业信息资源开发利用需要巨大的资金投入，要把政府的主导作用、保障作用与市场机制结合起来，加大各级政府在政策、资金等方面的支持力度。政府应争取设立专项资金用于农业信息资源建设。各地要努力争取当地政府计划、财政、信息、科技等部门安排的经费；要适当调整农业部门和有关部门的信息化资金投入结构，确保农业信息资源开发利用的资金需要得到满足。

第四节 农业信息化外部软环境建设策略

一、鼓励竞争，降低农业信息网络经营和使用成本

当前较高的农业信息网络使用费用，使得农民使用网络存在一定顾虑。信息网络费用高，一方面是投资成本的原因，另一方面是信息企业不合理竞争的原因。虽然现在我国信息产业早已打破一家独大的局面，但由于各信息企业的基础、规模不同，且数量较少，部分网络经营企业仍然受到电讯企业不同程度的制约。

因此，降低信息费用的一个有效手段是放宽信息产业的准入条件，增加信息企业数量，强化信息产业的良性竞争。要加快农业信息管理体制的改革和创新，积极鼓励和扶持各种形式的、以营利为目的的、专门从事农业信息咨询与服务的中介组织和农业信息企业的发展，最终实现农业信息咨询服务的产业化和社会化发展。

二、加快立法，制定并完善农业信息市场规则

农业信息化的顺利推进，特别是农业信息服务市场的建立和完善离不开政策法规的支持。政策法规有助于加强网络安全管理，打击坑农、骗农的假信息，打破信息垄断和封锁，保护知识产权，实现规范服务和管理等。为此，各级政府及相关部门要尽快建立一套有利于农业信息服务市场健康发展的政策法规。2003

年，农业部开始启动农产品市场预警系统，对关系国计民生的少数重要、敏感的农产品进行监测预警，这标志着我国农业信息发布开始步入正轨。在此基础上，政府应制定和完善信息发布的标准与规范，加快信息发布立法的步伐，减少对信息发布的行政干预，增强信息发布的权威性与时效性；要尽快推行农业信息发布日历制度，确保农业信息在法定的日期公布，保证公众在平等的条件下获得信息；要加大农业信息标准推行的力度，推进各部门涉农信息资源的集成和整合，实现涉农公共数据的广泛兼容和共享。同时，应规范信息服务的收费标准和责任制度，并加强监督，对随意收费的信息机构或个人给予严惩。

三、提高产业化水平，夯实农业信息化基础

制度创新是经济增长和社会发展的关键因素之一。1978年以来，农业制度最大的创新成就是再造中国农业的微观组织基础,确立农户独立经营的主体地位。经历了不断的"帕累托改进"，家庭联产承包责任制成为我国长期坚持的一项基本制度安排。家庭联产承包责任制是改革以来我国农业和农村发展最重要的制度因素。

随着市场化纵深发展，分散农户的小规模经营越来越受到挑战。一方面，家庭联产承包责任制的继续创新短期难以有大的突破；另一方面，家庭联产承包责任制也不是包治百病的"灵丹妙药"。中国农业和农村经济的再度腾飞需要范围更广、更深刻的制度创新。20世纪90年代兴起的农业产业化经营正是新一轮农业制度最重要的创新。农业产业化通过整合农业生产的产前、产中和产后环节，延长农业生产的产业链条，开展农产品的加工和流通，不仅增加了农产品的附加价值，而且使农民分享到价值增值的成果，形成了农业产前、产中和产后一体化经营。农业产业化被认为是一场"真正的农村产业革命"。

农业信息化得以产生的背景是农业生产摆脱自给自足的状态，市场化程度较高，并形成产业化。在这种情形下，才能形成对信息的强烈需求，才能使农业信息化逐渐发展起来。而农业产业化的前提又是规模化经营，因为在市场经济条件下，只有适度规模经营才能获得规模效益，进而获得更大利润，为此，要积极促进农业规模化经营，进一步提高农业产业化水平，从而推动农业信息化的快速发展。

第五节　农业信息技术及农业产业化发展策略

一、农业信息技术

（一）农业专家系统

农业专家系统主要通过获取农业工程师的知识，以一定的知识表达形式进行处理，然后转移到知识库中备用。在实际生产过程中，可以在知识库中调动知识，并通过人机交互解决问题。专家系统中的知识库是领域知识的存储介质。与其他组件相比，它具有一定的独立性，也是整个系统解决问题的核心。论证机制的重要性在于控制整个专家系统解决问题。在实际应用过程中，主要是解决用户"为什么"的问题。人机界面实际上是一个用户界面，主要用于输出检测结果等信息内容。在国内外农业生产中，专家系统越来越受到重视，是农业自动化信息技术应用热点之一。

农业专家系统将农业生产中常见的理论和实践知识在计算机中进行存储，使用者只需要借助数据进行查阅。一般通过搜索关键词来进行查找，可以找到很多关于类似问题的互动信息。

但是，这个系统的形成需要大量数据参与，前期会出现很多的重复性工作，而中期需要农业专家收集信息并进行梳理和问题解答，从而构建农业专家系统。不同的用户都可以通过计算机进行访问，并了解到相应的知识。

（二）农业决策支持系统

采用先进的技术创建农业决策支持系统，为农业生产领域提供专门的决策支持，对农业生产期间的问题进行准确分析识别，在数据信息内容、智能人机处理系统、数据库子系统、模型库子系统等方面进行支持，提高农业信息化、智能化发展水平。

（三）自动导航技术

自动导航技术集成了通信技术、计算机技术和控制技术等多种技术。自动导航技术以传感器获取农业作业车辆的位置和姿态的信息，依据获取到的定位信息和路径信息，并通过控制转向装置驱动农业作业车辆沿着规划的路线行驶，从而实现导航。在农忙时期应用自动导航技术能够实现夜间作业，避免了因为夜间光线不足而不能正常工作的问题。同时，应用自动导航技术能够减轻驾驶员的工作负担，提高了农业机械作业质量和工作效率，节省了作业时间，降低作业成本，避免了垄间重叠和遗漏现象。

自动导航技术由车载终端、定位接收机、转向控制器、转角传感器、电液比例转向控制系统和主控基站等部分组成。在车载终端方面，主要采用触控式操作，而且操作简单快速。采用高清分辨率的大屏幕显示，使导航画面更加清晰。屏幕能够显示出作业的区域、速度和线路数，并绘制彩色的区域覆盖图。用户能够根据作业的需求，选择多重导航模式，如直线、曲线、环线，同时，自动导航技术车载终端配有通用串行总线（USB）接口，使用优盘就可以将每天作业的数据导入计算机，便于出图和打印报告。

（四）机器视觉技术及图像处理技术

1. 机器视觉技术

（1）机器视觉技术的发展概况

机器视觉是一种用机器代替人类视觉系统收集特征信息，通过计算机编程进行检测和判别的技术。工业生产当中所使用的机器视觉系统主要包含工业相机、光源、背景布、镜头、支架、图像处理软件、单片机、输出系统、执行系统等。随着信息技术的发展，机器视觉成为如今热门的研究领域，作为机器学习当中一种新的研究方向，深度学习也被越来越多地应用到图像处理的领域当中。

机器视觉概念最早在20世纪60年代被提出，起初只是应用于简单二维图像的分析与研究。到20世纪70年代，美国麻省理工学院最早开设机器视觉相关课程。1977年，视觉计算理论的创始人马尔（Marr）教授提出了重要的马尔视觉理论，该理论成为当时机器视觉研究领域中一个非常重要的理论框架。20世纪80年代中期，机器视觉技术开始蓬勃发展，关于机器视觉新的设想、理论和技术不断地涌现，与机器视觉相关的产业也开始兴起，全世界掀起了研究热潮。20世纪90年代中期，机器视觉研究已经非常深入，在多个领域被广泛应用。

我国的机器视觉相关研究起步较晚，直到20世纪90年代初，才有少量从事视觉技术研究的公司发展起来，应用场景主要包含材料缺陷检测、车牌号识别等。随着外资企业的加入，我国机器视觉相关产业快速发展，企业对机器视觉技术进一步看好，机器视觉逐步在电子、印刷等行业广泛应用。同时，机器视觉在纺织、焊接、农业、制药、烟草等行业也大量运用，为我国培养了一大批专业技术人员。

（2）机器视觉技术应用现状

随着半导体技术与工业科技的高速发展，机器视觉技术的应用范围也逐渐扩大到各个生产制造领域，其主要应用在工业、农业、交通、医疗、教育、安防等行业。由于机器视觉技术自身特点和不断扩大的技术优势，其研究的范围和深度也在不断加大加深。现阶段的机器视觉应用主要可以划分为三个方向：工业智能化、农业智能化、终端设备智能化。

机器视觉在工业中的应用主要体现在工业生产中产品的异常检测、产品批量的尺寸测量、材料的检测、产品包装重量的检测，在物流领域，机器视觉被用于包裹分拣和避障，对于一些具有危险性的工作机器视觉系统也能胜任，极大地提高了生产效率，符合企业发展的需求。

机器视觉在农业领域中应用广泛，被用来监测农产品虫害、根据大小和颜色筛选不同种类的水果蔬菜，还能自动识别种子品质；在水产品养殖加工中也有不少应用，如网箱养殖的鱼虾的活动监测，在加工中对水产品的大小、种类、重量的分选。

机器视觉在各种终端设备中也有应用。在医疗影像领域，机器视觉能够依据病理特征为医生诊断提供参考依据。在交通监控系统中，机器视觉能帮助人们实时掌握交通动向，做出及时反应，在手机端机器视觉依据照片已经能识别出多种物品。

（3）机器视觉技术在田间农业机械中的具体应用

机器视觉技术是推动农业智慧化发展的重要技术之一，能够有效替代人工操作，减少人工劳动量，提高农业机械操作的精准度。随着人工智能技术的不断发展，机器视觉技术在田间农业机械中的应用越来越广泛，成为智慧农业机械设计与制造不可或缺的部分。机器视觉技术在农业机械中的应用主要体现在以下三个方面。

一是机器视觉技术在除草设备中的应用。农田中的杂草会影响农作物生长，导致农作物减产，及时有效清除田间杂草是提高农作物产量的关键。目前，农田除草主要采取机械除草和使用化学除草剂两种方式。使用化学除草剂会污染土壤，因此，机械除草是今后田间除草的主要发展方向。农田杂草无论外观还是生长特点都不同于农作物，利用机器视觉技术可以准确识别田间杂草。在机械除草设备中装载高分辨率摄像头，通过识别杂草分生组织中的热能，标记出作物和杂草。其关键点就是通过机器视觉技术快速获取田间杂草的密度和位置等空间分布情况，通过控制执行机构将识别的杂草清除干净。

喷洒化学除草剂是当前田间除草的重要方式之一，其主要由作业人员操纵喷洒设备将除草剂喷洒到杂草叶面上。根据调查，由于化学除草剂对农作物生长具有一定的负面影响，在喷洒除草剂时需要确保喷洒精度。利用机器视觉技术可以实现定向喷洒，有效避免除草剂喷洒到农作物上。

二是机器视觉技术在农作物采摘机械中的应用。传统的人工采摘作业模式采摘成本高、效率低，影响农业企业的经济效益。我国农业的规模化发展迫切需要基于机器视觉技术的自动采摘机械。以蘑菇采摘为例，种植人员需要在采摘过程中对蘑菇品质进行分类，根据蘑菇的大小、形状及颜色等进行分类采摘，因此，要求采摘设备能准确识别蘑菇的外观等基本信息，做到精准采摘。

三是机器视觉技术在农业运输机械中的应用。农业运输机械设备是农业生产的重要组成部分，随着机械自动化的发展，农业运输机械设备实现了无人操作。例如，近年来发展起来的无人耕地机械就是利用机器视觉技术实施作业的。拖拉机是农业机械作业的重要动力来源，传统人工操作拖拉机的模式受人们视觉的主观影响，导致拖拉机运行路线精准度不高。为了实现对拖拉机的无人控制要求，依托机器视觉技术构建的拖拉机运输控制系统成为助力农业自动化运输的重要技术。

2. 图像处理技术

所谓图像处理技术就是赋予计算机人类视觉功能，让计算机理解和感知客观事物所处的三维环境。图像处理技术的发展时间并不短，可以追溯到20世纪50年代。通过不断创新和应用，这类技术已在现阶段应用于不同行业，常见的有工业机器人内部视觉系统、智能交通系统的电子眼和电子计算机断层扫描技术。

从农业发展角度来看，成像技术最早应用于农业是在20世纪70年代。当时，这项技术主要用于水果和蔬菜行业。进入新时代后，在计算机技术、电子技术和人工智能技术的共同作用下，成像技术进入了快速发展阶段，在技术实践和理论上都取得了新的突破。

关于成像技术在农业生产中的应用，可概括如下。一是农业机器人。农业机器人是信息技术自动化产品，现阶段广泛应用于我国农业生产中。图像处理技术的作用是制造具有正常视觉功能的机器人。例如，日本北海道大学的农业机械利用地磁定向传感器和图像传感器可以实现田间自动收获和运输。二是农产品收割与分拣包装。图像处理技术的出现为自动化机器提供了光学和定位基础。整合迁移组织后，自动收割机可自行执行大规模收割作业。随着数字技术和信息技术的发展，现阶段图像处理技术已应用于农产品的收获、加工、智能识别、分类等环节。三是农作物生长状态监控。图像处理技术可以应用于作物管理，人们借助图像处理技术，可以收集和分析温室中的植物图像，结合不同时期的植物图像识别封闭系统的内部环境，并提出环境温度控制策略。与以往仅控制温度变化相比，这种基于图像处理技术的温度控制更加合理。

（五）播种监控技术

播种机是在全封闭状态下进行作业的，由于外界作业环境恶劣，地面崎岖不平，很容易导致种管堵塞、漏播现象，这些现象无法通过人的视觉和听觉来监视。当播种作业过程中种肥箱排空、输种肥管堵塞、排种盘或排种传动机构等出现故障时，将导致一行或数行播种管不能够正常工作，会出现农田大面积漏播或重播的现象，从而导致农业生产的严重损失。播种监控技术能够通过监视传感器对上述现象进行实时监控，如果出现故障会自动发出声光报警，方便驾驶员查找故障点，将损失降到最低。目前，我国应用的播种监控技术以进口播种机自带的播种监控技术为主，国外的播种监控技术几乎垄断了我国农业市场，而国内的播种监控技术在我国农业市场的生存空间十分狭小。

农场应用的进口播种机（自带播种监控技术）配置的拖拉机主要是进口拖拉机（200 马力以上），其中"马斯奇奥"和"大平原"既能播玉米又能播大豆。农场应用的播种监控技术可靠性较高，播种监控车载终端采用全封闭式设计，具有高强度抗震、抗冲击效果，而且操作界面采用拨键式，操作简单快速。应用播种监控技术无须人工站于播种机上操作，驾驶员直接通过驾驶室内播种监控终端就可以获取种肥管状态、播种粒数、播种密度、播种速度、播种质量和播种作业时的幅宽。播种监控技术能够监测 12 路和 9 路的播种状态，而且播种精度高，可以达到 1% ～ 3%。在播种作业时应用播种监控技术，能够更好地保证播种的均匀度，使其出苗均匀，避免了播种作业时的漏播和重播现象，省去了人工补苗和间苗，减少了农业生产成本的投入，提高了作业的质量，增加了经济效益。

（六）数据挖掘技术

1. 数据挖掘技术概述

（1）数据挖掘概述

数据挖掘一词直到 20 世纪 90 年代才出现。在过去的十年中，数据挖掘处理能力和速度的进步使我们能够从手工的、耗时的实践中摆脱出来。通过高效的数据分析了解到、收集到的数据集维数越多，也就是复杂程度越高，揭示相关信息的潜力就越大。

数据挖掘也称为数据中的知识发现（KDD），被定义为用于从更大的任意原始数据集中提取有价值数据的过程。简单来说，数据挖掘是一个过程，调查隐藏的模式信息，以不同的角度，将其分类成有用的数据。数据挖掘的数据类型非常广泛，可以是结构化数据、半结构化数据。数据挖掘采用了统计学（数据关系的数值研究）、人工智能（如神经网络）和机器学习（可以从数据中学习并做出预测的算法）等技术。在大型数据集中，它利用数据库中数据的存储和索引方式来更有效地执行实际的学习和发现算法，进而缩小了从统计和人工智能到数据库管理的差距，并允许将这些方法应用于越来越大的数据集。

零售商、银行、制造商、电信供应商和保险公司等都在使用数据挖掘技术来发现从价格优化、促销和人口统计数据到经济、风险、竞争和社交媒体如何影响他们的商业模式、收入、运营和客户等方方面面的关系。

（2）数据挖掘的分析方法

数据挖掘是计算机科学的重点研究方向，在不同的分析能力中通过使用各种方法或技术解决各种需求。按照数据挖掘的任务需求，主要有如下几个比较常见的分析方法。

分类：用于将不同类别的数据集中进行分类。在训练阶段，分类器的构造是通过分析训练集得到的。在分类步骤中，测试数据被用于估计分类规则的精度或准确性。

聚类：聚类的理论依据是通过不同对象之间的相似度来对数据集进行划分。不同的组有不同或者不相关的对象。

关联规则：关联规则是基于规则的机器学习方法，发现隐藏在杂乱数据集中的相关规律和关联性质，通过发现关联性来发现不同事物之间的隐藏关系。

神经网络：这种方法或模型基于生物神经网络。它是神经元的集合，用于对输入和输出关系进行建模。

（3）数据挖掘过程

一是数据准备。想要从数据中找到需要的信息第一步就是收集数据。根据特定的需求在获得的数据中筛选出所需要的特征形成数据集。数据集可以是一些高校和政府部门公布的开源公共数据集，也可以是各大数据竞赛的真实数据集，或者可以是通过爬虫来获取的各大网站的大量信息。

二是数据预处理。对原始数据集要进行全面科学的处理工作，为数据挖掘提供准确、干净、目标化的数据。预处理工作的质量影响着数据挖掘分析的准确性。一旦获得了相关数据，就要对数据进行预处理，去除噪声，如重复值、缺失值和异常值。根据数据集规模，可能会采取额外的步骤来减少维数，因为太多的特征会减慢后续计算速度。针对原始数据本身的特点和规律，选择维度变换或转化方式来减少数据中的有效量数目，把数据变成适用于数据挖掘的形式，以确保任意模型的最佳准确性。

三是数据建模。为了挖掘有用的信息，模型的建立需要选择多种算法。根据分析类型，可以选择任意数据关系，算法可以是机器学习算法，深度学习算法也可以对可用的数据进行分类或聚类。

四是模型结果评价。数据挖掘过程中，评价的目的之一就是从选择的模型中找到一个最好的模型，总结其中的不足之处，并不断地进行改进。为了使结构更好地被人们所理解，通常也会进行可视化，可以更加清楚地分析实验结果。

2.数据挖掘技术在农业中的应用

农业不仅包括生产，还包括其他方面，过程比较复杂。在现代化农业中，人们可以借助信息化系统、智能化系统来获得生产数据。在这些信息收集之后，对各类信息进行分析和整合，并将其划分到不同类别中，实现数据整合和智能化入库，并构建深挖途径，这是当前数据分析领域的研究重点。这项技术涉及诸多学科，其中，计算机学科是基础，同时结合统计学、数据学以及人工智能。在获取数据的阶段，可以采用收集模式，对数据实现存储和加工，但是这样获取的数据仅仅是一部分，无法找出数据中的深层联系。深层次的信息对现实决策有重大意义。农业信息系统的构建，各地区农业数据的迅速增长，增加了人工获取信息的难度，对其分析也变得更加困难。

因此，需要对数据进行整合和分析，并发现内在联系。在日常生产数据监控中，人们需要对各类数据进行维护，并实现动态化分析，结合其中的特征进行系统整合，最终发现深层次的农业生产影响因素，从而对各项因素实现有效管理。因此，建立更加适合农业数据收集和查询的渠道，对当前农业资源整合具有重要意义。

（七）数据融合技术

随着理论研究的不断发展，数据融合技术被应用在各个不同的领域，对于不同的领域有不同的定义，很难有一个统一的、精确的概念。国际社会有很多研究机构、专家学者都对数据融合进行了定义。首次定义数据融合是在 20 世纪 80 年代，美国国防部从军事的角度完成了对数据融合技术的解读：将从单个同质传感器或者多个异质传感器所获取的数据进行相应的操作，操作过程包括组合、关联、估值等，可以得到身份和位置的确认信息，利用确认信息能够对战场的发展态势、敌方的威胁和情报来源进行评估。即对目标结果进行连续的估计和评估优化，通过获取的信息和数据不断修正自身的处理结果从而得到最终有用的决策信息。国内的研究者对以上的定义进行了补充修正，将数据融合的定义描述为：利用多源传感器系统得到监测目标的属性信息，并通过信息处理技术对具有时空属性的数据依照特定的规则分析、处理以及融合，以此实现了对目标的准确描述，得到比单一的、局部的信息更有效的全局信息。

数据融合的处理过程包括获取数据、预处理数据、特征提取、融合计算和输出结果，数据融合处理的核心是其中的特征提取和融合计算。由于环境传感器采集的有温湿度等这一类非电信号，数据转换就是将非电信号转换成电信号，即模拟量转化为数字量。但是变成数字量以后有可能存在环境等各种随机因素的干扰，产生一些噪声，这时数据预处理环节的功能就体现了出来，预处理就是将产生的这些干扰和噪声进行筛除，只留下有效的信息。之后再提取这些有效信息的特征，根据提取出来的特征值进行融合计算，最后输出融合结果。

二、农业产业化发展策略

（一）农业产业化概述

1. 农业产业化的概念

国外有关农业产业化的文献研究起源于 20 世纪 50 年代，相关学者提出"Agribusiness"[①] 的概念，国内称之为"农工综合体"。但早期对于农业产业化

---

① Trelogan H C，Davis J H，Goldberg R A. A concept of agribusiness[J]. Journal of Marketing，1957，22（2）：221.

的概念并不明确，直到 20 世纪 80 年代，学者罗纳德（Ronald）对农业产业化的概念首次进行系统阐述，他认为农业产业化实质上是指以国内外市场为导向，农民生产最终由市场来决定，而市场能够带给农民的是经济收入的增长，发展的最终目标是将农业生产、农业加工、农业销售相串联形成一套完整的经营体制。[①]国内有关农业产业化的阐述起源于 20 世纪 90 年代的山东，当时的农业产业发展由政府主导，其目标是合理布局农业，建立主导特色农业，依靠龙头企业带动，实现规模化经营发展。学者张文方、冯玉华对农业产业化涉及的部门分工进行研究，他们认为农业产业化是社会部门分工的结果，农业生产的各个环节融入了不同的资源部门，不同部门之间各自独立又具有联系，但是最终由市场对商品的需求决定农业产业的发展方向。[②]在众多国内学者的研究中，以陈吉元[③]和牛若峰[④]两位学者对于农业产业化的概念界定最被大众所认可，他们认为我国的农业产业化强调以市场需求为生产方向，种植业、养殖业和农产品加工业进行连接，形成一条完整的产业链，连接生产的前后端，集中小生产农户形成区域化、规模化生产。对国内外学者有关农业产业化的内涵研究进行归纳可以得出农业产业化的本质是农业和关联上下游产业紧密结合，经营主体与相关利益各方为实现最大效益自愿联合实现一体化经营的过程。这一阶段的市场是决定生产的关键因素，龙头企业等新型经营主体更加活跃，同时经营模式更具有科学性，伴随着农业科技进步，产业结构链条更加完善，产业结构渐趋合理。

2. 农业产业化的特征

（1）专业市场化

农产品最终的目标是输入市场之中，通过市场实现其产品价值，农业产业化发展要以产品市场需求为导向，专业市场的存在可以发挥农产品的优势，节省中间成本，最终实现农产品的效益最大化。

（2）技术现代化

相较于传统农业的种植技术，农业产业化这一过程更能体现农业发展对于农业科技的重视，农业产业化过程是依托农业科技的大力支持、不断提升生产效率的过程，因此对农业技术的要求更高。

① Ronald D K.Agricultural and Food Policy [M]. Boston：Harvard University，1983.
② 张文方，冯玉华. 农业产业化：概念·实质·意义 [J]. 南方农村，1996（6）：7-10.
③ 陈吉元. 关于农业产业化的几点看法 [J]. 浙江学刊，1996（5）：51-54.
④ 牛若峰，夏英. 农业产业化经营的组织方式和运行机制 [M]. 北京：北京大学出版社，2000.

（3）区域规模化

农业产业化的特点之一就是产业的深度规模化，通过深化分工，充分发掘农业资源，引导产业向最具优势产业集中，形成规模，最终成为某一区域或者地区的带有鲜明地域特色的主导产业。

（4）产业标准化

农业产业化是一个产业全方位提升的过程，这一过程中，生产标准、管理标准等相较于传统农业和特色农业发展初期，逐渐由龙头企业带动，引入现代企业的各类标准，对产业化的整个产业链都有科学的管理方式，能够使参与产业链条中的所有生产要素得到合理分配，从而最大限度实现产业的标准化。

3. 农业产业化的构成要素

农业产业化发展过程中相关联的要素非常广泛，根据对农业产业化相关概念的界定实现对主要构成要素的推导。从微观层面来看，学者王华滔认为农业产业化的主要构成要素包括农业主导产业、农产品生产基地、专业市场体系、农业专业合作社服务组织、政府部门、龙头企业、农户等要素，要素之间通过利益联结机制连接，实现相互配合。①

（1）农业主导产业

农业主导产业可以简单解读为某个区域依托本地的社会优势和资源优势，形成规模较大、具备市场前景的产业。也就是说，农业主导产业必须为目前地区主要产业或在该地区拥有良好的发展空间，在当地的农业产值中的比重相对较高。学者吴殿延认为确定某一个区域内的主导产业时，需要遵循结构更优原则、效益更高原则、产业更关联原则，最终才能发挥主导产业在农业结构调整中的主导作用。②

（2）农产品生产基地

专注于农产品生产的基地为农产品的集中流散提供渠道，同时也能够为市场需求提供相应农产品的供给。学者田马爽认为，在"公司＋基地＋农户"的发展模式下，龙头企业介入农业发展中，通过建立专业的农产品生产基地，有助于形成农产品生产完整的链式经济体系，打破了传统生产方式的束缚，先进的资金、技术、人才的支持有利于加快形成农产品集中生产的集聚效应。③

① 王华滔.突出区域特色，推进农业产业化经营 [J].政策，1999（9）：48-49.
② 吴殿延.论战略规划 [J].农业系统科学与综合研究，1990（4）：1-4.
③ 田马爽.农民增收与政策性金融推动——基于龙头企业带动农民增收视角的调查与思考 [J].金融理论与实践，2010（11）：78-80.

（3）专业市场体系

农业产业化的主要方向就是要把握市场走向，坚持以市场为导向，以市场需求作为生产、加工的指导，建立农产品的专业市场服务体系，避免不必要的交易费用，减少成本，获得更大的利益回报。

（4）专业合作社服务组织

农民的专业合作社服务组织同传统的农村集体经济组织有所不同，专业服务组织更加具有专业性，可以针对某一类农产品提供生产运营服务，将所有参与生产的社会资源进行整合，联合农户走向市场，进一步促进特色农业产业化。

（5）政府部门

在促进农业产业化的进程中，政府的角色地位主要表现在：一是政府要发挥宏观调控的机制，发挥监管和调控作用，促进社会经济向好发展；二是政府要发挥保障职能，为农业产业化进程中的各方要素提供必要的人力、财力、物力方面的支持，以保障产业化发展顺利进行。

（6）龙头企业

龙头企业在产业化发展的过程中发挥着关键作用，通过培育或者引入技术过硬、资本雄厚的龙头企业，可以加强和农户之间的联系与合作，扩大农业生产。学者鄢志颖认为龙头企业在农业产业化发展过程中的可发挥之处体现在：一是促进农业产业结构合理化发展；二是为农户提供专业化生产技术的指导，推动农业生产一体化发展；三是龙头企业牵头可以承担农业风险；四是提高农户收入水平，帮助农户过上富裕生活。[①]

（7）农户

农户是农业生产中最初端的基本要素，传统的农户"单打独斗"存在诸多问题，如市场信息获取不通畅，农业技术基础薄弱，承受自然风险能力较差等，但是农户又是农业产业化的重要参与者，要提高农户的整体实力，实现农户的创新发展。袁力认为农民就是破解"三农"问题的要点，而对于农民来说，利益就是他们生存的基础，因此解决"三农"问题根基还是在于对农民利益问题的解决。[②]

① 鄢志颖.湛江特色农业产业化发展研究 [D].湛江：广东海洋大学，2018.
② 袁力，黄基秉，董庆佳.成都地区新型特色农业产业化运营模式初探 [J].成都大学学报（社会科学版），2006（5）：16-20.

（二）农业产业化发展策略研究

1. 加强共享农机的应用

（1）建立标准化完善化的共享农机平台

共享农机平台的实现需要以互联网为媒介，以信息技术为支持，使农机提供方与需求方联系起来，一同助推农机共享的有效发展，让农机得到最大化运用。农机科研院所、农业高校及政府等应联合建设农机共享平台，并规范数据标准及数据共享，使农业生产同农机大数据充分结合并应用于农业生产中。

（2）建立健全共享农机可持续系统及其指标体系

闲置资源和使用方之间的利益互动具有复杂性，解决此类情况的关键在于建立可持续系统及其指标体系。因此，科研院所、农业高校及农业行业专家须积极研究探索并建立共享农机可持续系统，建立相应指标体系，为农业部门提供有效的农机发展数据支撑，为政府部门提供农机闲置资源利用方案，以促进地方农业农机经济效益发展。

（3）建立完善的政府监管制度体系

共享农机作为一种新型商业模式，一切还在探索中。因其具有多重属性，既是交通工具，又是劳动工具，既是经营者的私有商品，又是租赁者的租借商品。在共享农机推广过程中暴露出来的交接问题、事故伤害责任人认定问题、使用过程中的燃料及维护问题都是目前权责归属不清晰所造成的。因此，共享农机既需要尽快得到政府部门有效的政策支持和行业监管，也需要更加准确清晰的法律解释和规范约束，还需要参与者自觉规范自己的行为，增强责任意识。

2. 构建现代农业产业体系

（1）积极培育农业产业化经营主体

①大力扶持农业龙头企业。遴选 3～5 家农产品加工龙头企业作为重点扶持对象，重点支持企业加快技术更新和设施改造；加大安全、节能、环保设施设备投资；鼓励入选企业结合优势农产品区域布局规划和农业产业园建设，建立专业化、标准化、规模化、集约化优质专用原料生产基地；鼓励企业健全农产品收储、加工、物流、质量追溯等服务体系；鼓励企业兼并重组、做大做强。通过对 3～5 家龙头企业的重点扶持，形成在全省、全国同行业有较高知名度的大型企业，推动农产品加工业集群发展。通过龙头企业辐射带动，形成以农产品生产、加工、销售为中心的规模化、基地化、集约化农产品产业带。

②规范发展农民专业合作社。坚持以主导优势产业和特色产品为依托，积极引导、支持农民和农业龙头企业组建以专业合作社为重点的各类农业专业合作经济组织。进一步完善运行机制，牢牢把握"服务农民，进退自由，权利平等，管理民主"的核心，紧紧抓住"规范农民专业合作社发展"的关键，使农民专业合作社成为引领农民参与国内外市场竞争的现代农业经营组织。同时，提升农民专业合作社的运行质量，提高农民专业合作组织的组织化程度和服务于农业的水平。

引导鼓励龙头企业、专业大户、农民合作社等新型农业经营主体采取直接投资、参股经营、吸收农民土地经营权入股等方式，开展产前、产中、产后等农业社会化服务。加快建立新型经营主体支持政策体系，加大财政、税收、信贷、保险等政策对新型经营主体的支持力度，扩大新型经营主体承担涉农项目范围。

③积极发展家庭农场。造就一批具有"企业家精神"和"工匠精神"的家庭农场。稳步推进土地流转，鼓励农村承包土地向农业专业大户、经营人才流转，创办家庭农场。重点培育从事专业化、集约化农业生产的家庭农场，健全管理服务制度，加强示范引导，进一步提高家庭农场的市场竞争力，促进家庭农场由单纯的规模型向质量效益型、生产经营的粗放型向现代化的农业生产精致型转变，使之成为引领适度规模经营、发展现代农业的有生力量。

（2）做大乡村旅游产业

充分拓展农业各项功能，积极推动"农业"与"旅游业"相结合，以满足观光群众休闲消费需求为核心，强化景观、文化、娱乐、美食、家居等观光休闲功能开发和休闲设施配套，打造一批集科普、生产、销售，加工、观赏、娱乐、休闲、度假等于一体的综合性休闲农业经营实体。结合全城旅游示范区创建，依托农耕文化、传统村落，历史遗迹、古树名木等资源，深度开发乡村田园、文化特色等旅游资源，建设"一村一品""一村一景""一村一韵"的魅力乡村景区。支持社会资本和合作社建设集创意农业、农事体验、休闲旅游于一体的田园综合体，开发乡村手工艺术品和农村土特产品等农业旅游商品。持续推进特色旅游小镇、旅游专业村、农家乐、精品采摘园建设。

（3）积极发展农村电子商务

创新农村电子商务模式，发展"新零售"等多种业态，大力培育电子商务龙头企业。支持知名农业特色品牌做大做强，全力推进群众参与电子商务，让电子商务呈现多领域、多元化齐头并进的发展态势；建立乡镇和村级电子商务服务站，推动农村电子商务普及，实现农村群众电子商务生活方式全覆盖；推进"实体经济＋互联网"，全面推进与阿里巴巴"农村淘宝"合作项目，促进农村生活网络化的转变；"互联网＋娱乐"完美结合，合作社等与区域品牌授权对接，建立品牌产品产供销链条。

3. 构建农业全产业链闭环模式

第一，以物联网为中心，建立与多种畜牧品种（如牛、羊、马等）相适应的数据收集平台，该平台可以整合畜牧品种数量、饲料用量、饲养环境等数据，将异常数据分拣、分析之后交给农业技术人员获取咨询服务。事实上，单纯构建"物联网＋农业"的数据收集平台就能够解决大部分农业信息化问题，如小麦、水稻等农作物种植，烟叶、花卉等经济作物栽培等，物联网实时监测、提供信息，有利于农业生产及时获得技术支持。

第二，以物联网为中心，引入农业监测预警技术，它本质上是一个技术体系，除物联网技术之外，还可以根据需要添加大数据技术、远程监控技术、人工智能技术等。农业监测预警技术主要是为了应对农业生产链的延伸、生产要素的叠加，同时也能够增强农业品种的联动性。

例如，牧场主要经营的是动物性农产品，物联网技术可以实现从培育、饲喂、防疫、出栏、加工的全过程数据收集，对于个别出现问题的动物，可以做到及时清除。然而，在"从个体到群体"的监测方面，单靠物联网技术就很难实现，大数据技术能够处理的信息种类众多，从饲喂环境到生产消费，从大规模贸易到市场零售，从库存到价格等，以此预警肉蛋奶等产品的未来走势，帮助牧场经营者规避风险。相对应的，其他农业生产、管理、经营领域引入农业监测预警技术，也可以对农情、商情等做出精准的风险预判。

第三，以物联网为中心，引入农业精准装备和农业信息分析技术。就物联牧场而言，农业精准装备（如自动饲喂机、智能填料机、恒温装置等）可以大幅度提高生产效率，是养殖机械化、现代化的重要保障，农业信息分析技术则可以提供针对性的指导，它既可以分析一块试验田，也可以将生态农场作为研究对象，还能针对大面积、区域性的农业生产展开分析。

4. 构建农业支撑保障体系

（1）全面提高农业机械化水平

着力推进农业"一产"全过程机械化，补齐特色作物机械化发展短板。同步推进林果业和农产品初加工业机械化，提高丘陵地区农作物生产机械化程度。深入实施农机装备优化升级、规模作业推进、农机服务主体培育、"智慧农机"建设和现代农机转型升级"五大工程",着力提升农机装备水平、作业水平、科技水平、服务水平,推动农业机械化的进一步发展。

（2）加快建设农业科技服务能力

①深入农业技术推广体系改革。大力推广和普及首席专家、责任农业技术员、产业技术员（农民技术员）相结合的农业技术推广新体系,加强乡镇农业技术人员的培养,进一步完善农业技术推广、动植物疫病防控和农产品质量监管"三位一体"的县、乡两级农业公共服务体系;继续实施和完善乡镇科技特派员制度,广泛开展农业技术人员联村结对活动,提高农业技术推广绩效。要重视科技成果的组装配套与推广应用,推进现代农业技术推广联盟建设,探索建立新的农科教结合平台,开展关键技术及产品的创新研究,积极主动地与农业科研院所建立并保持产、学、研合作关系,重点推广一批品质提升、质量安全、农作制度创新、节能减排、转型升级、循环发展的实用成熟技术。

②加强农业科技培训体系建设。建立政府指导和市场引导相结合、公益服务和有偿服务相结合的多层次科技培训体系;深入实施农业科技入户工程、农民培训工程,加大对农民特别是专业大户、专业合作组织、农业龙头企业等各方面生产经营者的职业技术、经营管理、法律法规等培训力度,组织开展各类农业科技成果推广和科普宣传活动,不断提高农民运用现代农业实用技术的能力和从事二、三产业的就业能力。

③提升社会化服务水平。开展政府购买农业公益性服务试点,建立程序规范、监管到位的购买服务流程。开展农业生产全程社会化服务创新试点,围绕特色产业作物"耕、种、收、管、储",制定服务标准规范,重点培育规模化、专业化服务主体,提升农业生产社会化服务水平。

（3）发展现代商贸流通业务

①大力加强流通基础硬件建设。在中心镇新建或改、扩建农产品综合交易市场,培育特色农产品等专业市场。推动产品加工与储运加工衔接,打造产品集散中心、价格形成中心和加工配送中心。加快构建粮食现代仓储物流体系,推进低温、准低温仓及铁路散粮运输系统建设,提高粮食仓储物流效率。加快构建冷链物流体系,发展产地预冷、冷冻、冷藏运输,冷库仓储、定制配送等全冷链物流,提高冷链物流信息化、标准化水平,引导龙头企业投资建设冷链物流基础设施。加快物流网络向乡村延伸,促进物流业向规模化、规范化、专业化发展。

②积极创新农产品流通模式。加强农商互联,密切产销衔接,推动农产品流

通企业与新型农业经营主体通过订单农业、直采直销、产销一体、股权合作等模式实现全面、深入、精准对接,发展农批、农超、农社、农企、农校、农餐等各类产销对接新型流通业态,打造产销稳定衔接、利益紧密联结的农村产品上行多元化供应链。积极举办采购会、洽谈会、供需见面会等产销对接活动,为产销双方搭建对接平台。支持邮政、菜鸟等物流主体向乡村延伸,打通农产品交易物流瓶颈。

③稳步发展壮大乡村物流主体。推动"交邮合作""互联网+物流""交通运输+特色产业"等农村物流创新跨业融合发展模式,实现资源共享,建成覆盖县、乡、村三级物流节点的农村现代物流网络体系。

5. 强化政府职责,科学谋划实现农业产业可持续

从农业产业化发展的整个过程而言,政府一直充当"隐形的手"的角色,通过宏观调控等手段对产业发展的方向加以把握,为农业产业的发展保驾护航。政府对农业产业进行科学布局,集中力量发展现代农业,充分发挥政府职能,未来可以从以下两个方面进一步推动农业产业化发展进程。

(1)进一步强化政府主导职能

对整个社会经济发展而言,农业发展是一个重要组成部分,破解农业发展的难题,需要政府牵头做好主导工作,为产业发展铺路才能更好地促进农业发展。政府未来要继续重视农业产业化的引导工作,一是优化管理体制,消除发展弊病。针对农业产业化发展过程中缺乏系统的规划和指导的问题,要优化服务机制,政策制定要具有可操作性,解决部门之间相互掣肘的矛盾。二是制定保障政策,促进农业产业发展。针对农业产业中的产前、产中、产后等相互关联部门、各要素制定各类激励保障政策,激发各经营主体的生产积极性,促进产业发展。

(2)科学谋划促进产业合理布局

特色是产业竞争力的核心要素之一。因此,在农业产业化发展过程中,要重点突出地区资源优势和地域特色,对相关具有地域优势的农业产业进行大力扶持。同时对产业合理的布局也是提高产品竞争力的关键,要制定科学体系发展规划,政府牵头联合相关部门因地制宜完善产业发展布局,大力扶持具有代表性的主导产业,确定相关部门的主体责任,制定新型经营主体中长期发展计划,实现产业的合理布局,促进农业可持续发展。

6.加强农业产业信息化、现代化、绿色化协调发展

（1）优化政策制定

政策利在惠农、重在落实、旨在效果，既要设计合理，更须操作得当。农业信息化、现代化、绿色化的协调发展离不开政策的规范与指导，为了使政策发挥最大的效果，应从科学设置政策制定标准、完善政策内容等方面健全政策保障机制。

一是科学设置政策制定标准。农业对自然环境具有较强的依赖性，应根据不同的地理位置、地形分布及气候特征构建适合发展的主体功能区，因此，政策设置标准不是"一刀切"，要符合实际，在补短板的同时充分发挥各自优势，同时，要注意政策的可实施、可操作性，严格把控相关政策的设定标准，在坚持内部优化的同时聚焦农业信息化、农业现代化、农业绿色化建设中落后的方面，针对性提出政策要求。

二是完善政策内容。确保协调发展的前提是农业信息化、农业现代化、农业绿色化不能割裂来看，在建设发展的过程中不能顾此失彼，这"三化"是相互作用、相互促进的，基于这个基本条件，为促进农业信息化、现代化、绿色化的协调发展，政策内容应全面，以确保"三化"协调发展政策体系的完整性，同时，要注意依据法律制度保障政策的操作与实施。

（2）强化政策实施

政策不能浮于表面，要落到实处，政策实施是将政策规定的内容转化为现实操作的过程，政策的实施要形成政、产、学、研、用共同发力的格局，注重协同性、关联性，整体部署，协调推进。

首先，政府、企业、学校相关部门人员及农民群体要协同共进，共同落实政策。政府部门要抓落实，安排相关人员认真负责政策的实施工作，制定实施举措，宏观调控政策的实施；有关企业要积极落实政策要求，为农业信息化、现代化、绿色化协调发展建设提供支持；鼓励学校及科研机构在研读相关政策后，派遣部分工作人员深入农村实地考察，并对村干部或村民进行培训指导工作。

其次，在新媒体时代，对于政策的宣传不再是单一的面对面交流，利用互联网对群众进行信息传播是时代发展的要求，也是时代发展带来的福利，通过电视、广播以及通过手机、电脑等终端设备对政策进行解读、传播，使农民群众信息接收面更加广泛，更好服务农民群众，更有利于政策条例的实施。

（3）完善基础设施建设

随着信息时代的来临，信息技术在人们的生产、生活中发挥着重大的作用，

而这种信息技术依赖于相关设备、设施的应用与建设。我国幅员辽阔，地形复杂，不同区域间信息化基础设施建设进度不统一，要大幅提升乡村网络设施水平，加强基础设施共建共享；信息基础设施是信息化的硬件，缺乏硬件基础，信息技术利用的软实力无从谈起，基础设施的改善是信息化的前提，要发展农业信息化，完善基础设施是必要且迫切的。随着基础设施的完善，农业生产装备逐步智能化，农业现代化得以发展；在信息设备的支持下，乡村生态环境的监测能更加精准，进而更好地促进农业绿色化发展。

所以，可以从以下方面来对信息化基础设施建设进行完善。

首先，政府部门要加强规划力度，通过实地排查等方式，综合考虑基础设施建设的问题，集中各方力量攻坚克难，进行电网升级改造，实现光纤网络全覆盖，缩小"数字鸿沟"，完善信息服务终端平台建设；为更好服务农民，应鼓励开发农业技术科普服务、农业政策解读等适应"三农"特点的网页、相关应用软件等。

其次，提升农业综合信息服务水平。鼓励互联网企业建立产销衔接的农业服务平台，加强农业信息监测；推动"互联网+社区"向农村的开发与应用，这需要加快推进电信网、广播电视网、互联网升级改造，促进三网融合，同时扩大互联网提速降费的试点区域，积极探求与农民实际收入水平相匹配的收费体系。

最后，推动信息技术融入农业现代化生产与农业绿色化发展的进程中，将信息技术应用到农业装备制造业上，实现农业机械作业与农业机械管理的智能化，进一步促进现代化农业生产技术的发展。

（4）健全多元融资机制

农业信息化发展是一个高技术、高投入的过程，其前期基础设施、软硬件的规划及建设，以及后期的运营维护都需要大量资金的投入。如今，资金后续投入不足已成为制约我国农业信息化建设的重要因素。加快推进农业信息化建设与优化升级，需要不断加大资金投入力度。农业信息化建设资金投入不仅需要政府的政策支持与引导，还需要相关企业的参与。

所以，要积极鼓励各类社会资本进入农业信息化领域，更好地发挥信息技术创新的扩散效应。

一方面，政府的财政预算及相关项目资金在农业信息化建设上发挥着重要作用，鼓励各级政府设立基本建设专项资金，用于系统推进农业信息化重大建设工程，但要注意的是，单一的国家和地方政府的投入并不能很好地满足建设需要，应针对实际市场需求，调动各方积极性，支持、引导、鼓励相关企业、个人参与建设与投资；通过制定相关政策鼓励企业、集体等参与建设融资，并积极采取投资抵免等税收优惠措施，让税收政策更为合理，以提高企业与社会组织参与农业信息化的积极性，形成以政府为主导，其他参与主体为辅的多元融资机制。

另一方面，注重探索多种形式的政府与社会资本合作机制，重点关注技术先进、优势明显、带动农民增收能力强的信息化建设项目；政府、企业等应关注信息化建设实际需求，优化投入结构，建设一批打基础、管长远、影响全局的信息化工程，将建设项目资金落到实处，切实保障信息化建设的顺利推进。

第六章　我国农业数字化转型的模式

农业数字化转型发展是农业农村现代化的大势所趋。农业是民生之本，国之基石。农业数字化转型是我国农业规模化、现代化和数字中国建设的重要内容。为了更好地促进我国农业数字化转型，应该对我国现有的农业数字化转型模式进行了解和分析，把握每一种模式的优势以及不足。

第一节　政府主导型

一、政府主导型模式概述

（一）政府主导型模式的相关理论

1. 政府职能理论

政府职能理论是在西欧国家资本主义与封建主义的斗争中产生的，在封建社会晚期，随着资本主义生产方式的产生与发展，资产阶级需要通过限定政府的职能来建立维护资产阶级利益的政治秩序，出现了一种外在于政治领域的社会生活领域——市民社会，市民社会要求政府不得随意干涉市民生活，也就是政府该管什么，不该管什么的问题，这就是政府职能理论产生的原因。国家与社会之间相互对立又相互联系的关系，引起了社会对政府职能和权限的思考，推动了政府职能理论的形成和发展。

2. 政府职能理论的流派

以政府的起源为划分标准，可以将政府职能理论分为两大流派：一是国家干预主义政府职能理论，二是自由主义政府职能理论。国家干预主义政府理论在16、17世纪重商主义思潮大发展中提出，重商主义者主要主张积极开展对外贸易，由政府加强对外贸易的干预，制定工商业保护政策。学者汉密尔顿（Hamilton）在其论著中主张政府应该用国家资金弥补个人的财力不足，利用关税保护政策、财政补贴等手段争得在对外贸易中的优势地位。19世纪，德国哲学家格奥尔格·威廉·弗里德里希·黑格尔（Georg Wilhelm Friedrich Hegel）认为国家的干预是必不可少的，充分阐述了国家干预主义政府职能理论的内涵，成为国家干预主义政府职能产生的基础。自由主义政府职能理论产生于19世纪自由古典主义时期，自由古典主义者坚持"有限的政府"，认为"管得最少的政府就是最好的政府"，经济学家亚当·斯密（Adam Smith）认为市场是最富有效率的，政府在市场中仅扮演"守夜人"和"警察"的角色。卡尔·海因里希·马克思（Karl Heinrich Marx）、弗里德里希·恩格斯（Friedrich Engels）在其论著中强调了国家的镇压职能和政府的社会管理职能，尤尔根·哈贝马斯（Jurgen Habermas）认为国家应该扩大经济职能，削弱经济危机的影响以维护资本主义制度。

（二）政府主导型模式的参与主体

政府主导型农业技术推广是以政府"农业科技推广网"为骨干，以行政命令式的项目任务作为支撑，开展农业新技术、新成果、新产品的示范推广。政府主导型农业技术推广模式一般有"政府＋农业技术推广基站＋农户"模式、"政府＋科研院所＋农户"模式、"政府＋企业＋农户"模式等。政府主导型农业技术推广模式的参与主体包括政府、科研院所、中间性组织、个体农户以及合作组织，这些主体分别发挥着不同的作用，本节将对其进行阐述。

1. 政府

政府行为一般以公共利益为目标。相较于传统农业生产技术，政府对农业技术的推广不仅要求确保农业生产稳定，同时也强调对农业环境的保护，这种具有公共利益性质的行为往往无法通过市场进行有效的调节。

此外，农业技术所具有的公共物品性质也要求政府在该技术推广模式中必须起到主导作用，这种主导作用不仅体现在农业政策的制定执行上，也体现在农业技术的研发、推广及监督执行过程中，尤其是在农业技术监督执行中，政府发挥着主要作用。

2. 科研院所

科研院所是农业技术研发推广的重要参与者。在我国，科研院所主要以农业科研机构、农业院校为主，它们坚持非营利的属性，在农业技术的研发探索方面发挥重要作用。同时，科研院所也是我国农业技术推广体系的重要组成部分，在农业技术协同推广及相关人才培养方面也具有巨大贡献。

科研院所进行农业技术推广主要有三种途径，一是提供科技信息传播与咨询服务，组建农业科技指导专家团队，到基层或田间开展技术指导；二是建设技术示范基地，科研院所根据当地优势条件，选择实力较强的生产者进行合作，建立农业技术示范样板，引导农户采纳；三是开展人才培养或技术培训，通过农业院校的人才培养功能和专家学者资源进行人才培养或技术培训，建设技术推广的有生力量，促进农业技术的推广扩散。

3. 中间性组织

中间性组织的一个重要特征是既不是农业技术服务和产品的生产者，也不是消费者，它在农业技术推广体系中起到连接技术服务产品生产端和消费端的桥梁性作用。在我国，典型的中间性组织是农资经销商。农资经销商为占据更大的市场份额，会主动驻扎于村庄内，为农户提供开展农业生产所需要的物资。虽然农资经销商以营利为首要目标，但是其与农户的交往较多，并且农户需要向其购买生产所需的相关农业技术服务及产品。

此外，农资经销商也具有传递市场信息及降低生产成本的作用，一方面农户需要具有信息优势的农资经销商向自己提供市场相关信息；另一方面农资的选择需要考虑价格、效用、使用便捷程度、品牌等多方面因素，而非取决于农户自身的感知，通过农资经销商，农户可以对农资的质量、价格进行比较，尽可能降低生产成本。

4. 个体农户

个体农户包括小农户、家庭农场和专业大户。小农户进行的农业生产具有分散、市场化程度低、劳动密集的特点，生产过程讲究精耕细作。在这种经营模式下，农户对自然灾害和市场价格波动的抗风险能力较弱，生产效率往往较低，在市场交易中容易处于被动地位，这些因素制约了个体农户对农业技术的采纳，对农业技术推广具有不利影响。

与传统分散的小农户经营方式相比，"家庭农场"和"专业大户"是个体农户经营的高级形态，是农业生产组织关系发展到一定阶段的产物。"家庭农场"和"专业大户"的规模化、集约化、产业化程度较高，有较强的社会影响力和资金实力，通过组织化的生产可以有效降低经营风险，在市场交易中也能够掌握一定的议价权。"家庭农场"和"专业大户"的这些优势使得其在农业技术采纳方面较为积极，是技术推广的重要参与力量。

5.合作组织

在我国当前的农业生产组织关系中，合作组织的主要形态是合作社。合作社是由众多农业生产单位按照自愿、公平分配原则组建的生产服务联盟。当前，我国的农民合作社已经成为农业社会化服务组织中的重要一员，发挥了为本社成员或非本社成员提供农业生产服务的功能。

一方面合作社能够为农业发展提供信息来源和技术条件，是农业技术推广工作的重要成员；另一方面合作社作为农村中体量较大的农业生产单位，能够发挥示范作用，带动其他生产者积极采纳农业技术，推动农业技术的有效推广。

（三）政府主导型模式的推广机制

政府主导型农业技术推广以政府对政绩的追求为技术推广的主要动力来源。一般情况下，农户在选择技术时会考虑该技术是否能够减少生产要素投入、节约劳动时间、减缓劳作强度以及实现增产增收。农户在农业技术推广过程中既是农产品的生产者也是农业技术和产品的消费者，农户生产的目的是通过收益的增加而提高效用。

在农业技术推广过程中，作为准公共物品的农业技术在自然的推广过程中缺乏有效的利益激励机制，使得农户缺少技术采纳的动力，这也是农业技术推广面临的重要问题。为了解决农业技术采纳动力不足的问题，政府作为宏观的调控者和发展意愿的执行者参与到农业技术推广中，以政府培训、补贴、监管的方式参与其中，促进农业技术的推广。

1.开展技术培训

培训是给有经验或无经验的受训者传授其完成某种行为必需的思维认知、基本知识和技能的过程。简单来说，培训就是对某项技能的教学服务。在农业技术推广方式中政府主导的培训是重要方式之一，它是政府通过组织农业技术推广站、科研院所等相关农业技术推广人员通过线下或线上的方式对农业生产者进行的无偿的或低成本的产前、产中、产后的农业技术指导行为。

政府主导的农业技术培训由外向内促进农户采纳、理解、掌握农业技术的能力。

首先，政府培训可以提高农户对农业技术采纳行为的价值感知，通过传播农业技术的相关知识内容改变农户生产认知、技术操作能力。

其次，技术培训是农户获取农业技术信息的主要渠道之一。例如，参加农业技术培训可以提高农户对技术信息的掌握程度，在生产过程中自觉减少农药、化肥施用。

最后，技术培训也关系到农户能否便捷地获取农业生产信息。通常，在农业技术来源广泛的条件下，农户能够掌握的技术信息越充分，对农业技术的认知也会更加科学合理，采纳农业技术的可能性也越大。

2. 财政补贴

农业补贴是农业生产中，特别是农业新技术推广过程中普遍采用的方法之一。由于农业技术具有外部性和公共产品性质，农户在接受新技术时带来的成本增长有时会高于收益增长。

因此，采用适量的补贴是推动新技术推广普及的有效手段。为了推动农业技术的示范应用，我国政府也实施了一系列财政补贴支持政策。例如，2016年财政部会同农业部联合印发《建立以绿色生态为导向的农业补贴制度改革方案》，提出健全以生态为导向的政策体系和激励机制，积极探索政府购买服务等作业补贴方式。

农业补贴可以分为直接补贴和间接补贴两种方式。直接补贴是指政府对在农业生产中采用农业技术的生产者进行的直接资金补贴，如对承包土地实施生产的农户给予土地租赁优惠，发放农资投入补贴等。直接补贴的优势在于实现了"谁生产，补贴谁"的方式，避免出现土地所有者接受补贴而采纳农业技术的经营者却无法获取补贴资金的情况，能够直接提高经营者对农业技术的采纳积极性。间接补贴是指政府采用更多样的补贴方式，促使经营者降低生产成本，提高农业技术采纳积极性，如政府建立生产风险补偿机制、农业保险赔付机制，通过给予农户风险溢价补贴、联合保险公司增强农户自然风险抵御能力等方式降低农户技术投资成本，提升农户采纳农业技术的意愿。

3. 行政立法监管

行政立法监管是指政府在农业技术推广时利用自身的权力，以强制性的手段设立相关环境保护标准，使农业生产者在生产过程中必须采用农业技术才能够符合相关法规要求。区别于政府培训和财政补贴，行政立法监管则是从管理者角度对农业技术在农业生产中的运用加以规制，使得生产者为了符合相应环境保护法律法规的标准而采用农业技术。

行政立法监管的优势在于执行的公平性及覆盖范围的广泛性，执行的公平性来自法律法规的权威性，即所有生产者都要遵守同样的标准；覆盖范围的广泛性则来自法律法规的普适性，对于所有参与农业生产的主体而言，遵守法律法规所规定的农业生产标准，避免农业污染是其共同的义务。发达国家普遍采用立法的方式促进农业发展。以美国为例，20世纪50年代后美国建立了世界上最先进的"石油化工农业"，但是伴随农业发展也出现了一系列的农业污染问题。因此，为了缓解农业生产对环境破坏的压力，美国先后对土地资源和水资源保护进行立法，颁布《土地法》《水质法》《有毒物质控制法》等，随后又对农药使用生产进行立法限制，颁布《联邦环境杀虫剂控制法》，明确杀虫剂分类并实施杀虫剂使用许可证制度。以立法的形式确立对农业生产环境的保护，促使相关农业生产技术的推广使用。

二、政府主导型模式的优势及问题

（一）政府主导型模式的优势

政府主导型模式是指政府在农业生产数字化转型过程中，依托结构性的各级政务部门（在地方一般为农业农村局），通过行政干预将数字化技术自上而下、多级联动地传导给农户，进而提高该地区农户生产数字化水平的实践模式。这种模式可分为中央、省、市、县等级次，所提供的农业生产数字化技术呈现出一定的公共性和公益性，社会效益显著。

其优点是政府在数字化技术供给过程中能够最大限度地减少交易成本的发生，具有充足的财政资金保障，且对推广中的农业数字化技术和数字化基础设施拥有较强的剩余控制权。其缺点是可能会在以政府为主体的数字化技术供给与农户对数字化技术实际需求之间出现不匹配的现象。

为深入开展"互联网＋"农业服务，全面提升农业农村信息化建设水平，打造都市农业农村的典型样本，2019年由杭州市余杭区农业农村局牵头，以"一个中心、一个平台、N个应用"为顶层设计，创建了余杭区大径山国家现代农业产业园大数据中心，重点针对地形、气候、气象灾害预测等方面提供专业数据，从而做到了精准施策、提质增效。该项目成功实现了各类信息系统中农业信息处理量化、可视化及资源共享，提高了农业信息化建设、管理及服务部门的管理水平和科学决策能力，有效地推动了农业增长方式的转变以及农业生产与农业经济结构调整优化，并带动了浙江省农业市场管理方式的根本转变。

（二）政府主导型模式的问题

1. 政府主导作用发挥不够

农业是弱质产业，农村信息服务主要以公益性为主，政府部门在农业信息化建设中应起主导作用，农业信息化的基础设施建设主要依靠政府投入，农业技术推广信息化服务体系建设需要政府来组织、牵头、协调、推动。同时，政府部门在管理农业技术人员，占有信息、信息服务，拥有先进的信息设备等方面具有先天优势，没有政府的支持，有效的农业技术推广信息化服务很难实现和完成。

但是，由于农业技术推广信息化服务体系建设投入较多，短期内效果、效益不明显，普遍存在财政收入有限的结构性矛盾、对农业技术推广重要性认识不足、对信息化服务效益存疑等因素影响，政府部门对农业技术推广信息化建设的主导作用发挥不够。

在基层农业技术推广体系信息化建设顶层设计方面，大多数县（市、区）都没有对农业技术推广信息化建设工作进行专项规划，对服务目标、方针政策、开展方式、支持措施谋划不足。

在协调基层农业技术推广体系信息化建设方面，政府部门在资金、技术、人员等方面的保障、投资建设信息基础网络、搭建信息基础平台、协调各方资源等方面的工作力度还较弱。

政府在引导企业、协会、农业专家、社会资本积极参与农业技术推广体系信息化服务方面，在制定落实优惠政策、引导性资金投入、营造良好的信息化服务环境等方面还需要进一步加强。

2. 农业经营主体信息化应用能力不足

农业技术推广信息化服务的客体主要有涉农企业、农民专业合作社、种养大户、农民等，这些客体受到地区经济发展水平、收入水平、信息化实施主体、地理条件等诸多方面限制，对农业技术推广信息化认识不充分、参与度不足，农产品在规模化、标准化、品牌化等方面比较薄弱，农业产出率较低，制约了规模化农业机械、信息化监测、智能化水肥系统、标准化农业设施、病虫害防治等信息技术的建设和使用。再加上土地产出率低、效益不佳、涉农企业（农民专业合作社）实力不强等因素，影响了农业经营主体在农业信息化方面的投入和应用。一些地区农业企业数量较少，农村经济主导产业发展滞后，缺乏利用农业信息致富的典型，给农业技术推广信息化服务带来一定困难。

3. 协作共管体系不健全

（1）科学决策机制不健全

政府机构改革实施的制度建设、发展需求有不完备的地方，有些地区的发展阶段还达不到高效运转的层次，与上级的制度建设初衷还有一些差距，我国的政府机构改革大部分是统一划置，无法针对每一个地方提出具体的、有针对性的划置，只能是出台相对统一、相对平衡的设置规范，由此，在具体的改革过程中，没有很多的实践例子作为指导，也没有一些具体的实施条款和法律制度进行操作，只能一致地以大的政策来代替某部分法律法规，约束力就会稍差一些。例如，在转型过程中，没有明确的程序和机制来支撑果园改造的整体工程，即使当时成立临时性的指挥部，也没有明确的规章流程来指导老旧果园的转型升级。

（2）部门间协调机制不完善

现阶段，无论是县政府对下与镇办、部门间的沟通联系，还是乡镇与部门间的沟通联系，或者是乡镇与乡镇间的沟通联系，部门与部门间的沟通联系，基本上都使用指导式联系沟通或者命令式的沟通联系，横向的交流沟通几乎没有，在问题解决的过程中，由于信息内容横向传递、沟通较少，在一定程度上造成了部门、镇办、县级这三个层面的隔阂，这样的模式就导致了在工作中无法有效配合，也很难站在全局的角度去做出一些合理性的、综合性的判断，这样就无法形成有效的决策部署，去解决实际中遇到的困难问题，如在转型过程中涉及大数据中心、农业农村局、自然资源局、水利局等多个部门单位，每个部门单位的职责和分工不同，由于在具体实施的过程中，每个部门单位大多按照县委县政府的决策部署去落实，部门单位之间缺少横向的沟通交流，即使有横向的沟通，由于都是平级单位，基本上不能形成有效的处理意见，无法找到有效的解决问题的途径。

4. 农业数字化发展理念贯彻不深入

（1）村级干部整体年龄偏大、创新能力不足

村级干部是推动农业数字化发展的排头兵，但这类人员年龄普遍偏高，管理能力差距不小，可能无法宏观地掌握全局，创新的能力、学习的能力稍显薄弱，这些都在一定程度上影响着项目、政策的落地，某些村级干部认为只要做好自己本职工作就可以了，认为农业数字化发展跟村干部关联性不大，对发展农业数字化、落实农业数字化的政策、推动好的项目落地等积极性不够。

（2）制度落地实施困难

农业数字化发展一直都是全国非常关注、专业的学者们也都努力去钻研的课题，从中央、省级政府到市级政府，再到县级政府，制度一层一层地传达，不免会出现信息失真、"千村一面"、不接地气的问题。

部分地方照搬其他城市、其他区县好的、实施了的管理模式，因为各县、各镇、各村的情况不同，使得这些成熟的模式反而不可操作或者很难操作，甚至无法落地实施。

（3）没有用新理念宣传农业数字化发展理论

农业数字化发展对增加群众收入、减少群众体力付出都具有重要意义，但是由于群众受传统理念影响和担心投入较高等因素，心里有一定的排斥。但政府没有用新发展理念的思想去做好宣传发动工作，仅仅只是通过电视台宣传或者微信群的普遍性宣传，没有达到群众的理想要求，他们所需要的政策优惠和政府宣传的良好前景不在同一个点上，并且大多数的农民，对目前社会的进步、科技的发展这些情况都不是很了解，也不是很明白，只是碰到与自身有关的时候才去参与一下，这就导致了农业数字化发展推进不快。

5. 未建立有效的农业数字化发展奖惩机制

李克强同志曾在国务院常务会议上提出："要建立奖惩并举机制，结合'干部能上能下'制度，要让多干事、能干事、愿干事的干部上来，激发各地竞相推动科学发展。"目前通过从各县的现实情况来看，很多县所实行的考核奖惩制度基本是学习参照的其他区县，或者是上级地市的办法，大同小异，缺乏针对性和有效性。

6. 农业项目配套设施建设标准不高

抓好经济社会发展，促增收、保民生一直是一号工程，招商引资成为当地政府的重要工作。有些当地政府不仅定期到上海、深圳等一线城市"上门招商"，还不遗余力地去寻找一些好的项目、大的项目，有时候还有替企业在招商引资中做决定的情况，如何种项目能够更有利于增加当地的财政收入，何种企业能够在本辖区的产业结构中有延链、补链的优势，何种企业符合现在社会倡导的主旋律等。例如，农业项目不纳税，所以在当地的招商引资项目中处于劣势，相比于工业项目，农业项目的竞争力度较低，并且农业项目一般建设周期较长，在短时间内难以看到成效，因此当地政府对于农业项目的配套设施建设标准不高，没有形成良好的营商环境，从而导致了对农业项目吸引力不大，高端农业建设项目难以落户。老旧农业数字化转型过程中，由于缺少典型的数字化大企业引领，致使转型工作进展缓慢，农民对老旧农业数字化转型的认可度不高，在一定程度上阻碍了当地的农业数字化发展。

第二节　技术推动型

一、技术推动型模式概述

（一）技术推动型模式的基本内涵

许多国际大企业将创新作为企业的核心灵魂和理念，这也是一个民族进步的关键所在，是国家发展进步的力量源泉。我国有着数千年的农耕文明，农业是第一产业，须通过技术推动我国农业数字化的建设。然而现代农业建设的主要支撑点是利用当今迅速发展的信息技术、数字化技术改造传统的农业发展模式，想要实现现代化数字化的目标，就必须以现代数字信息技术产品作为支撑，通过信息技术、科技创新等产品的产业化，实现农业发展的信息化、数字化、现代化。

在广义上看，技术推动型模式是指把农业的技术和科学发明等广泛运用到农业经济活动当中去，引导农业生产要素进行新的组合，它包含了新品种、新的生产经营方式以及新的生产要素等方面的开发、实验、研究、推广乃至生产应用等许多相互有关联的农业科技发展过程。

狭义的农业数字化技术推动型模式则重点强调了农业科技成果，尤其是新型农业技术成果的发明与创新。典型如由温州科技职业学院（温州市农业科学研究院）主建的温州市种子种苗科技园。该科技园于2012年依托温州农口支持创建，占地0.6平方千米，拥有各类农业设施面积82 100平方米，是集"种质优选、教学实训、示范推广、创业孵化、文化体验"五大功能于一体的浙江省农业高科技示范园区。2020年，温州科技职业学院为增强学院"农科教一体，产学研结合"的办学特色，弥补科技园区"5G+农业"短板，积极开展了以"数字化"为核心的园区改造工程。利用现有的农业数字化建设项目，通过农业生产关键技术的突破和涉农资源的整合，建成并完善支撑园区现代农业发展的物联网综合服务体系，并在科技园综合管理服务平台的基础上，积极推广应用智能农业监测系统、生产综合管理系统等，加快了温州市现代农业信息化技术的广泛应用，促进了农业生产与管理模式的变革。

（二）技术推动型模式的基本特征

鉴于农业数字化的科技创新是一项复杂的社会活动，在不同的社会主体和社会组织之间进行调和以及创造，因此就会产生推动农业技术发展的系统网络，这个网络中包含政府、农业科学技术研究机构、相关的农业企业和农民自身。

1. 独特性

与其他社会部门所调节的对象不一样，农业生产的调节对象是活着的植物和动物，对自然环境、地域选择和气候条件具有很强的依赖性。这一特性导致了我国农业发展具有明显的区域特色，不利于我国农业科技成果的大规模推广与应用。

此外，由于不同地方动植物生长的自然因素有很大的差别，造成了对动植物采取的物质方法及手段乃至操作模式都有较大的差别。所以，在促进农业数字化发展的过程中，必须遵循"因地制宜"的原则，不能一概而论，要做到每个地方都有自己的特点，要有自己的特色。

2. 风险性

由于农业科技发展要面临的问题多种多样，受环境及各种动植物本身的特性影响，因此，农业科学技术创新活动所面临的风险也远远高于其他产业的技术革新活动。这些风险主要体现在以下两个方面。

一方面，农业科学技术与革新创造难度大。鉴于农业技术推动与革新发展主要研究的是动植物自身内部规律以及与外界因素（如环境等）的关系，因此，发明创造的周期较长，难度也相应提高，需要长时间的细致观察与探索。

另一方面，农业科技的改革创新和发展推广都比较困难。农业科技创新与推广不仅仅要受到推广人员素质、推广方式以及推广组织的限制，还要受到农民自身素质、农民自身购买力和地域的影响，所以，在农业创新与农业创新技术的推广过程中一定会受到较多的阻力。

3. 公共性

美国经济学家约瑟夫·熊彼特（Joseph Schumpeter）认为，科学技术与创新的第一次商品化一定有其物化的现实成果。

大部分农业方面的科技创新的探索和研究，都是通过了长期的、大规模的实验才能获得成功的，科技成果很容易被人模仿和复制，同时，农业技术具有显著的外部经济特性，一旦投入生产生活中，就可以将其转化为现实的生产力，从而产生巨大的经济效益、社会效益以及生态效益。

从这一点可以看出，大多数农业技术成果都在公众的范围之内，并被公众所利用。所以，农业科技创新往往离不开政府的大力扶持。

4. 制约性

农业的科学技术与改革创新是在一定的农业组织基础之上完成科学研究与探索、推广应用等的过程。因此，农业组织是否健全直接关系到农业科学技术改革创新的成败。因为农业科学技术体系的基础是按照动植物生长的过程组织而成的，在不同的生长阶段，不同的动植物对科学技术的需求差异很大，所以阶段性的科学技术单元之间往往关联性较差，各阶段缺乏直接的内在联系。这就意味着，如果各农户想要单独获得农业方面的科学技术成果，成本较高，因此单独的农户对吸纳新科技的意愿很低。由此观之，建立一个完整的农业科技与创新组织对于推动农业现代化、农业数字化以及农业科技创新具有十分重要的意义。

二、技术推动型模式的优势及问题

（一）技术推动型模式的优势

1. 农业技术创新推动农民收入增加

农业技术创新不会对农民收入的增长产生直接的影响，而是通过农业技术创新活动的开展以及技术补贴的方式表现出来，促使农业产业更新乃至转型升级，实现农民收入增加，优化农民收入结构。农业技术创新支持政策对农民收入增长的促进有三种途径，即提升农业生产投入要素的质量、改变农业生产要素的组合方式以及完善并实施农业技术补贴政策。

具体来看，就是在农业技术创新支持政策之下通过财政、人才、金融等方面的政策对技术、劳动力、土地以及资金等要素的质量进行提高，并实现要素投入方式重新组合，促使农民收入总量和结构发生变化。

2. 大力推动科学技术有助于提高农业劳动者素质

劳动者是农业生产中的主体，在农业生产发展中起着最主要的作用。在数字化农业的大背景下，农业的科学技术及改革创新能够提高从事农业生产的劳动者的素质。

（1）推进农业技术革新有利于保障农业劳动者的身体健康

身体是革命的本钱，健康是劳动者实现农业生产力水平提高的关键。一方面，科学技术的提高与创新可以保证劳动者摄取足够的营养，提高了劳动者的健康水平和再生产能力，甚至可以延长平均劳动寿命。试想，一个体弱多病、营养不良的农业劳动者如何发挥一个正常劳动者的应有之力？如何有能力实现农业生产力的提高？有资料表明，一个正常的劳动者每天需要126千焦耳的热量来完成他每日所需劳动，如果热量摄取量降低为每天100.5千焦耳，那么他的工作能力随之减少到44%左右。充足的营养给劳动者足够的能量进行再生产，并且可以高质量地完成生产任务。另一方面，通过科学技术的提高和革新，农业生产或者农业加工等过程中，农业劳动者面临的危险状况也随之减少。高水平的农业生产工具也避免了劳动者与危险物品或者其他对人体有伤害的物品的直接接触，从而使农业劳动者长期以一种健康的状态进行劳动。

（2）农业技术创新有助于提高农业劳动者的知识水平

随着农业科学技术、农业生产工具、农业发展方式的进步以及农药等产品在农业生产生活中大规模使用，对农业劳动者的文化知识、科技水平有了较高的要求。农业劳动者只有掌握了现代农业科技知识才能够成为农业生产力的主导因素，也才能够真正地成为农业的人力资本而非简单的劳动力。这一系列的变化促使劳动者要经常性地学习，不断深化教育，在实践中结合相应的理论知识，以期提高自身的科技能力和知识水平，为提高农业生产率而努力。综观全球，所有农业发达的国家无一不是对农业的教育和科技投入了巨大的精力和资金的，如果作为农业主要劳动力的农民能够多受一年教育，其对农业生产率的提高就会有很大的贡献：在韩国可以提高2.22%，在泰国能提高3%，在马来西亚可以提高5.11%。可见，通过提高劳动者的教育水平来实现农业生产率的提高确实有其存在的合理性，这在许多国家已经达成了共识。

3. 农业科学技术的进步能不断革新农业生产资料

农业生产资料是农业生产力的载体，反映了农业科学技术发展的水平，堪称农业科技发展的"显示器"。

（1）大力推动技术改革和创新，有助于促进农业劳动资料的更新换代

农业科技水平的提高不仅仅能够为农业生产提供新的能源、新的药源、新的肥源，更能够合理配置水、土、肥、农药、饲料等一系列常规性的物质资源，有利于改善农业生产情况，满足动植物生长发育的基本要求，从而促进农业的快速

发展。随着科学技术水平的提高，一方面，一些以前没有使用在农业上面的资源被发现或者被发明，对不同的动植物使用不同的生产资料，对症下药，更有利于提高生产率；另一方面，生产资料等资源愈发能够充分使用，不会造成浪费和损失，更有利于生态和谐。

（2）大力推动农业科技发展，有助于促进农业劳动资料的革新

随着科技的日益发展，农业劳动资料的结构、功能、性质都随着发生变化，在科学技术的帮助下极大地提升了农业劳动者的素质，不仅大大减轻了农业劳动者的日常劳动强度，把农业劳动者从复杂繁重的、以体力为主的劳动中解放了出来，而且促进了劳动者的劳动从简单劳作到复杂劳作的转变，提高了农业生产的生产效率。20 世纪 90 年代以来，广泛应用在各个领域的通信信息技术更是开创了农业的信息化时代；自动化、信息化、智控化的技术在农业产业中也越发地适用，加快了对传统农业的改进。在当今数字化的大背景下，数字化农业也成为一种未来的发展趋势，科技推动成为农业劳动资料革新的强劲动力。

（二）技术推动型模式的问题

虽然在数字化农业的大前提下推动技术进步与革新有着诸多的优势，但是不能否认的是，结合我国现在农村、农业、农民的实际情况来看，还是有如下许多问题存在的。

1. 顶层设计不清晰

近几年我国各个地区加快了农业数字化的建设，但农业数字化依然处于起步阶段，需要正向的引导。农业数字化的发展离不开政府的大力支持。

第一，省级层面还未规划出农业数字化建设发展的模式与路径。没有统一的农业数字化建设规范或数据传输标准，缺少详细清晰的发展规划，"全省一盘棋"的局面尚未形成。各级农业农村部门和单位对于农业数字化的发展重视度还不够，未建立起跨部门、跨领域、跨行业的一体化统筹协调机制。

第二，农业数字化的发展涉及部门众多。政府层面主要包括省发展和改革委员会负责宏观经济政策的制定；农业农村厅主要负责农业技术的推广、农产品电商方面政策的制定、信息化服务的建设；商务厅着力建设省农村电子商务服务体系；工业和信息化厅、科技厅、交通运输厅则关系到平台、标准、技术的建设和研究。各种职能部门交织在一起需要清晰的顶层设计，如果缺乏长远的统筹规划和设计则各政策之间的衔接性和可操作性会大打折扣。

2. 农村技术力量薄弱

自"三农"问题提出以来，我国对农业以及农村经济结构进行了战略性调整，但是归根到底，农业的发展还需要科学技术的支撑，以及作为主要农业生产者的农民具有一定的教育水平予以保障。我国农业科学研究与探索经过了近60年的发展，虽然基础科研的实力有显著提高，但是由于农村财力的投入与推广体系的不确定性等问题，导致农村科学技术力量仍然薄弱。

3. 运行机制缺乏活力

农业是民生之本，大多数的科技兴农项目以及相关的农业科学研究机构的运行模式都是依照计划经济的体制和方法操作的，行政干预过多，相关农业企业的管理制度也不健全，缺乏活力。

除此以外，还存在着推广体系的行政化现象严重的问题。由于现在我国农业科学技术研究机构和农业科技推广与服务机构，无论机构还是其工作人员都是由政府出资提供机构运行和研究的经费以及工作人员的工资，他们的职责就是为农户提供免费的农业咨询，或者进行科技兴农成果的推广。这就导致了农业科学技术推广人员缺乏责任意识和风险意识，没有动力和压力，对待农业科技成果的推广工作并没有足够的积极性。由于缺少必要的竞争和激励机制，导致农业技术人员责任心不强，对推广农业科技成果、解决农户在农业生产生活中遇到的农业问题等情况服务意识不足，服务方式简单，影响了农业科学技术成果的推广，阻碍了农村技术服务事业的发展，难以满足我国现阶段科技兴农的需要。

4. 基础体系和标准不完善

信息化基础设施的完备和标准体系的建设是农业数字化发展的前提，虽然在广大农村地区基本上实现了通信网络的覆盖，但我们要清楚这些信息网络只是最基础的硬件设施，远不能够满足农业数字化发展的需求。

（1）基础信息设施体系不完善。

首先，现阶段我国各个省的农村基础信息网络的整体建设有待进一步完善，部分已有的农村通信基础网络技术因长时间未升级已不能为农业数字化提供有力的数据支持，已经建成的信息网络设施存在重复建设的情况。

其次，物联网系统建设未成体系，除了部分农业数字化发展较好的区域或产业园区，例如，河南省大部分地方对于物联网的建设还处于初级阶段，急需如耕智农业云平台、京东农场这样的物联网系统。

再次，天空地一体化体系建设结合度不够，天空的遥感卫星，区域上空的遥感观测以及地面互联网数据的采集需要一个完整的体系整合，目前对农情信息实施全天候、多领域检测与预警的程度还较低。

最后，信息化标准采集体系不健全，农业数字化应用的前提是数据的采集和应用，而现阶段针对信息化标准信息的采集还未形成体系化的指导意见，没有信息采集体系的支撑，很容易出现采集错误和应用错误，最终导致采集数据信息的无效性。

（2）农业数据整合引用程度低

首先，对农业采集的信息整合应用是农业数字化的核心。我国部分省市缺乏大型农业数字化平台，虽然自上而下形成了省、市、县三级健全的农村农业信息网络，但要清楚地认识到这种网络体系是较为初级的，采集的信息不能形成链条，各种信息数据碎片化、条块化严重，因此需要一个统一的平台把数据集中在一起统一处理，提高数据的应用性。

其次，缺乏信息共享机制。由于缺少统一的共享平台，不同地区的不同产业信息不能够互联共享，导致很多地方采集的数据会形成"信息孤岛"，出现无用信息，这些信息如果不能及时处理会影响采集效率、占用储存空间，同时不能共享信息也会导致信息重复采集，占用采集资源，造成资源的浪费。

再次，行业标准统一困难。我国部分省市的农业数字化尚未建立起统一的行业标准，这种标准不仅指在发展上的标准，更重要的是可以细化到涉及农业数字化发展每个环节的标准，尤其是农业数字化数据这一关键领域。第一，对于农业数字化这一新兴概念本身的定义就存在模糊性，广义上对于农业数字化的定义就是数据与现代科技结合的高水平阶段，但具体每个领域发展到哪种程度或者向哪个方向发展才能称得上是农业数字化并没有具体标准予以参考；第二，当下农业数字化发展处于初级阶段，各地区的经济水平和科技水平处在不同层次，则各地区的农业数字化发展标准也不一样。如果仅是纵向比较而不去横线比较，则不能视为农业数字化的进步。同样的，如果只横向比较则对于农业产业发展较为落后的地区来说毫无意义，体现不出自身的进步。

最后，互联网技术与信息化技术发展速度过快，很多还未完成融合或者正在与农业融合的技术就已经被淘汰或者处于落后状态，原有标准还未建设完成，新的技术融合模式就已经出现了。

第三节 市场驱动型

一、市场驱动型模式概述

（一）现代农业市场

现代农业市场主要包含两层含义：一为产品市场；二为由土地、资本、劳动和智力四大要素所共同构成的市场。产品市场主要指的是购买和销售阶段，具体包括农产品的售卖回购、加工处理、运输储存等农业生产、消费阶段。世界上的一些发达国家主要通过实现农业一体化解决农产品市场的问题。在农业一体化的形势之下，合同关系将数字化农业纳入市场轨道之中。

农业数字化有没有建设的必要、需要生产什么、每种作物需要生产多少、具体价格如何、质量要求怎样以及在数字化农业的具体生产过程中所必须耗费的生产资料以及所需投入的服务，都是由农业数字化的生产者与市场主体双方缔结合同所决定的。农业数字化主体依照合同的内容规范生产流程，最终产出合同所要求的产品进入合同另一方主体的加工厂或者是收购站，不再担心作物的销售问题。该种农业一体化的运作流程对提高数字化农业的效率、降低流转成本等具有巨大驱动作用。

在现代农业的整个市场体系之中，所包含的行业多种多样，其中比较重要的就是育种业、食品加工业以及金融业等行业。在农业数字化相对比较发达的国家，农业信贷服务比较发达，农业信贷合作社运作良好，农业的生产支出几乎百分之百由该类合作社承担，从事数字化农业生产的农民是其中的社员与股东，国家为了促进数字化农业的发展也对其给予一定的财政补贴作为支持数字化农业贷款的贴息。印度作为发展中国家也积极发展该种金融合作社以筹集数字化农业发展所需的原始资金，并且规定满足条件的三个人只要经过合法程序审批之后就可以成立一个合法的农业信贷合作社。在社会主义市场经济体制下，数字化农业最大的问题是什么？政府主导自然重要，科技推动也相当重要，但是最后真正需要解决的问题是数字化农业所生产出来的产品该如何进入市场。目前，我们所面临的难题就是，在社会主义市场经济体制下，农民作为弱势群体，对市场把握往往力不从心，在缺乏有效竞争机制的环境下，没有实质平等的竞争地位。

（二）市场驱动型模式的实证

关于市场驱动型模式，我国很多省市开展了相关的政策。河南省的电子商务服务系统以重点农产品为主线，扶持了一大批跨区域、数字化、专业化的交易网络平台与特色网站，初步形成了以批发市场、物流调度中心、商贸中心以及商品集散地等为依托的市场驱动型数字化农业。河南省还建设起了围绕重点农作物种植、加工处理、运输销售等一系列可追溯性的系统，提供各种农产品的智能跟踪、科学配送、物流信息查询等一套综合的物流信息服务，构建同国内外贸易相结合的完整的农产品市场流通体系。

辽宁省政府在数字化农业的建设过程中重视数字化农业的多方参与，邀请一些企业以及传媒机构积极参与到数字化农业的建设中来。辽宁联通则与辽宁省农业农村厅携手率先将"农业新时空"项目在全国系统内推出；辽宁移动通信则联合辽宁日报、辽宁省通信管理局等主办开发了名为"农信通"的农业信息平台并且迅速地投入使用；辽宁广播电台、辽宁电视台均推出了专门的栏目发布数字化农业的建设信息。这些企业以及传媒机构利用自身的资源以及特有的渠道优势，积极探索为数字化农业建设提供信息服务的发展模式，为辽宁省数字化农业的建设做出了不小的贡献。

河北省政府结合自身县域农业经济独特的发展特点，制定了市场需求主导、政府扶持为辅的市场驱动型数字化农业服务方式，它充分发挥农业龙头企业、农业合作组织、重点农贸市场以及农村经纪人等各方主体的带动功能，借助数字化手段实现农业小生产与销售大市场之间的有效衔接，把零散的农业资源同农业企业、农贸市场以及农业经纪人等有机结合，形成完整的数字化农业产业化链条，推动农业数字化的产业链协调发展。河北省综合推进特色农业以及相关农产品的信息网站，重点发展定单农业，将数字化农业的产成品与市场需求相互契合，有效扩大数字农产品的市场知名度。

二、市场驱动型模式的优势及问题

（一）市场驱动型模式的优势

1.实现农业资源的优化配置，极大地提高生产效率

我国农村地区地域广袤，从事农业生产的人口众多，我国现阶段发展现代化农业在技术水平方面层次多样，在不同区域的发展程度也参差不齐，经济成分方

面多种所有制共存。这些情况都使得只由政府主导配置农业资源存在诸多难以破除的障碍，互联网的蓬勃发展以及信息技术的迅速进步，虽然在一定程度上为详尽的规划安排提供了强有力的数字支撑，但是必须清楚地认识到我国现阶段的生产力发展水平以及各级政府的管理能力远远无法承担农业资源配置的重任。市场机制在农业资源的配置方面所具有的自主性、普遍性以及其与科学技术、管理方式的进步可以实现有机结合等优点与我国国情是相互适应的，把市场作为农业资源配置的决定因素是我国现阶段相对比较可行的选择。

2. 农业数字化与农业市场互动关联，产生二者伴生发展的竞争优势

农业市场是一种中间品或者最终消费品发生交易关系的市场，围绕其周围的生产企业能够从农业市场庞大的销售网络中获取来自营销方面的外部的经济支持。现代农业市场的辐射能力以及农业自身的扩张力度可以促使数字化农业首先在一定区域范围内形成，然后通过市场机制吸引人才、技术、资金以及信息等资源要素向该区域范围内集聚，从而培育数字化农业的核心竞争能力，接着再进一步地向外拓展。此外，随着农业数字化的发展，需要更丰富的生产要素以及更广阔的市场，反过来刺激农业市场的发展。

现代农业市场为农业生产者与企业之间有效减少交易费用，大幅度提高交易效率做出了强有力的重要保证。而企业与数字化农业的辅助性企业以及农业市场的供应商之间的联合行动可以有效降低数字化农业的成本与提高数字化农业的生产效率。市场驱动型数字化农业的产生与发展对社会主义市场机制具有很强的依赖性，政府主导下的干预极少。所以，农业市场与地方数字化农业的相伴相生可以形成二者互动发展的经济效应。

（二）市场驱动型模式的问题

1. 对数字化农业的整体利益和长远利益产生不利影响

市场主体总是存在短视的缺陷，市场对数字化农业资源的配置一般是以农业市场上各方主体可以实现自主经营同时追求各自的经济利益最大化为前提的。为了实现自身利益的最大化，有些市场主体可能会出现急功近利的问题，他们甚至不惜损害数字化农业的整体以及长远利益来换取一时的经济利益。例如，有的市场主体可能会生产销售不符合质量要求的农作物，从而危害消费者的合法利益；有的市场主体可能会为了节约生产成本而采用污染生态环境的数字化农业生产经营活动方式，最终可能会危及子孙后代；甚至还有市场主体会对有限的农业资源

进行破坏性、掠夺性开发使用，竭泽而渔；另外还有市场主体习惯于在农业市场中借助炒作等不正当手段牟取暴利。此外，热衷于单纯追求眼前经济利益的市场主体不愿意将资金投入回收期较长的数字化农业中，不愿意对结构进行有利于长远发展的调整等。

2. 导致贫富分化，扩大城乡之间的发展差距

市场经济是一种平等的、竞争的经济，但是它的平等是一种形式平等，将市场价值作为标准尺度对不同数字化农业生产者的劳动成果进行衡量，它不承认特权，每个主体在市场活动中的地位、作用在形式上是不存在差别的。从数字化农业建设的进程来看，它具有现实的合理性，但是在社会主义市场经济条件下，因为每个从事数字化农业的主体所处地域、所受教育等方面均有不同，同时在智力水平、体质情况、家庭负担等方面亦是不尽相同的，他们在市场竞争中是处于完全不同的起点的，他们之间根本就是不平等的。农民原本就是需要受到国家政策保护的弱势群体，在近些年来，由于社会主义市场经济的不断推进，我国经济快速发展，各地区人民生活的水平持续提高的情况下，农业的收入水平依旧不高，市场资源仍然缺乏。

完全由市场驱动下的数字化农业可能会吸引原本拥有较大资本的城市人口，而本身贫困的农民反而因为资源的缺乏而被排除在数字化农业的建设之外。提高农业的生产力水平是数字化农业建设过程中的根本任务，将它作为衡量的标准，所有可能推动农业生产力发展的模式都可以用于数字化农业的建设中，也只有这样才能突破传统农业的束缚，从我国农业生产的实际出发，抓住可以服务数字化农业建设的各种推动模式的优势，重置农业发展的动力，从而使包括政府主导、技术推动、市场驱动在内的各种外部推动力量转化为数字化农业建设的源源不竭的动力，整合社会各方的发展力量推动数字化农业的建设进度。每个事物都是不断向前发展的，数字化农业的建设本身也是一个不断运动变化的过程，其中必然会存在很多问题，我们能做的就是加大解决问题的力度以及加快解决问题的进程，早日让数字化农业为解决"三农"问题发挥其应有的效用。

第四节 农户自发型

一、农户自发型模式概述

（一）农户自发型模式的参与主体

1.非农户（经济精英、政治精英和农民工）

非农户包含三个特点不同的群体：经济精英阶层，这里主要指私营企业主和个体工商户；基层政治精英阶层，这里主要指村干部；农民工阶层，这里主要指农村中长期从事非农产业的外出务工群体。前两者属于农村的精英阶层，也是村民口中的"能人"。私营企业主和个体商户虽然在身份上仍属于农民，但是他们很少居住在农村，与农村社区的关联性很弱，他们获取经济资源也不依靠土地，对于农地流转持支持的态度。而村干部虽然在经济资源上不及前者，但他们属于国家体制内的精英，在公共事务中拥有分配资源的权利，同时在农村社区中拥有较高的威望和社会地位。他们与土地的关系也较弱，并不完全依赖土地，但是他们是基层行使国家权力的主体，与农村社区的关联性很强，对当下的农地流转持支持态度，并积极推动农地流转的事务。后者农民工群体也可以分为两种，一种是在城市有稳定工作并且安居的，另一种是"候鸟式"举家进城务工的，只是为了获取更高的收入，但并不能在城市立足，这类农民工虽然暂时离开了土地，但是并没有融入城市，因此成了"半"离农户，他们对于土地的依赖较弱，对于农地流转的态度较为模糊，在可以进城务工的时候他们更倾向于将土地流转出去，然而不能务工时或者年老回乡时，也想回归以前一亩半分地的田园生活。

以上无论经济精英、政治精英和农民工的土地往往无偿交给亲戚、朋友来耕种，流转的范围不会超过行政村，有时就是在一个生产大队中进行，也就是"代耕"的流转模式。农户之间不会签订正式合同，也不规定流转的期限，只是约定一下即可，如果原主人返乡，待庄稼收获后，也可以随时要回自己的承包地。他们是自发型流转时期土地的主要提供者。

2. 兼业户（半工半耕）

兼业户包括以农业收入为主的一类兼业户和以非农收入为主的二类兼业户，无论哪种类型，其土地上的收入只构成了农户家庭收入的一部分，这类农户占据了农村中的绝大部分，如乡村的小商贩、工匠、手工业者等。在此借用学者黄宗智先生所讲的"半工半耕"来代表这个群体的特征，这些人不同于上述非农户的农民工群体，他们仍以村庄为主要的活动范围，虽然从土地上获取的收入有限，但是他们的利益还是依附于土地之上，对于当下农地流转的态度，他们并没有十分明确的意向。在自发型流转时期，兼业户耕种自家的土地以获得口粮和牲畜的饲料，每天清晨和傍晚"上地头"，农忙时请亲朋好友来帮忙，种地并不费什么工夫。

3. 纯农户（传统种田大户、普通农户）

纯农户是指家庭劳动力主要或者全部以从事第一产业获得收入的农民群体。纯农户主要指两个群体。一是传统的种田大户阶层，此类农户除了自家的承包地，还会耕作其他土地以此获得更多的收入，满足家庭消费。传统种田大户一般耕作务工经商家庭的土地，或者兼业户家庭的部分土地，从而这部分农户可以经营达10亩的土地，夫妻俩都在家务农，两个劳动力加上一些小型机械，无须外请劳动力，而且家庭内的男子不用外出务工，农闲时刻可以有更多的休闲时间。此类农户也被以贺雪峰先生为代表的学者称为"新中农阶层"。学者陈翰笙在解放初期就根据对土地的占有情况划分出了农民和地主阶级，又将农民划分为中农、富农和贫农。而新中农是指耕种二三十亩土地，所获经济收入不低于外出务工收入的中青年夫妇，有着留在农村进行农业生产的积极性。新中农是农村社区中的"中间阶层"，由于其经济关系和社会关系留在村庄内，他们是村庄公共事务和公益事业倡导者、参与者和有力的维护者，是乡村秩序的稳定力量。其他学者也从不同的角度给予这个群体较高的关注。可以看出，这部分群体是自发流转时土地的接收者、既有利益的获得者，他们对土地依赖程度极强，因此对当下农地流转给"下乡资本"等坚决反对。

二是普通农户，主要是指没有其他收入渠道的贫弱阶层，如年事已高的老人或者是身体条件较差而赋闲在家的农户。这部分群体由于不具备外出务工的条件，经济条件差，对土地的依赖性极强。在自发农地流转阶段，他们是自耕农的主体，对当下的农地流转持反对态度。这部分人群所占比例不高，但他们对土地依赖性最强，且是构成当下农业经营主体中"传统农户"的最主要来源。

（二）农户自发型模式产生的原因

近些年，随着我国城镇化进程的不断推进，我国的产业结构也逐渐优化调整，第一产业占国民生产总值的比重开始不断下降，而二、三产业的比重逐渐上升。产业结构的调整和优化升级为农村大量的剩余劳动力转移提供了非农就业机会，形成当前农村劳动力转移的巨大推动力。

但是，农民的农忙"务农"、农闲务工的"兼业"选择仍然在大量农民家庭劳动力配置中存在。完全实现非农就业，举家迁往城镇居住生活的家庭仅占从事非农就业务工家庭总数的21%。由于城乡二元结构，农民在城镇的社会保障机制不健全，大多数农民在城镇的工作和生活仍然处于不稳定的状态。因此，非农就业的农户中也很少有人愿意完全放弃农村拥有的承包地和宅基地，还是倾向于保留这些为不稳定的非农就业提供保障。农民作为理性经济人只有从事农业生产的机会成本大于其自己耕种土地的成本时，才会选择转向非农就业，只有非农就业水平较高时，才有可能放弃农村拥有的土地资源。

二、农户自发型模式的优势及问题

农户自发型模式是指由具有市场开创意识和政策敏感性的农户，利用自身在土地、劳动力、农业生产经验等方面的优势，联合科研院所、农业企业等，向国家申请农业生产数字化建设资金，以共同建设、共同管理的方式，打造具有地方特色的优势农业产业基地的实践模式。这一模式的起因主要是一些农户在采用数字化产品或技术之后获得了收益，便自主自愿地进一步寻找更加适宜的农业生产数字化产品或技术。相较于上述三种实践模式，这种模式基本不涉及农业数字化技术的研发，反而更加聚焦于农业数字技术的落地应用。其优点是通过农户生产实践，经济适用型的农业生产数字化技术可以得到快速推广。

缺点是受制于农户在技术、人才、资金等方面的弱势地位，农户应用农业数字化技术的生产规模较小，示范带动效果也极其有限。典型如丽水市丽白枇杷产销专业合作社。该合作社成立于2009年，位于丽水市莲都区太平乡下圩村，拥有生产面积1300多亩，主要农业栽种作物为"丽白"枇杷。2016年，受寒潮低温天气影响，丽水市莲都区太平乡区域内所有枇杷被冻得几乎绝收，区域内合作社和农户损失惨重。受此刺激，丽水市丽白枇杷产销专业合作社负责人下定决心，投入巨资，在其生产基地建成了中国第一个枇杷智能大棚。该智能大棚拥有自动通风、自动遮阳、自动补光、自动灌溉、自动检测棚内温湿度以及远程可视化控制管理等功能,能够在枇杷的生长过程中起到防冻、防雨、防止裂果以及防鸟害等作用。据丽水市丽白枇杷产销专业合作社负责人介绍,枇杷智能大棚的投入使用全面提升了枇杷的产量和品质,智能大棚内的枇杷成熟期要比棚外的早20～30天,采收结束期要比棚外的晚20多天,果质精品率可达93%,亩产量约1 000千克,亩效益达9万元,是棚外的5～6倍。

第七章　国外农业数字化转型模式
及我国农业数字化转型策略研究

农业数字化转型发展是提升农村地区经济发展的必然要求，是实现农村地区绿色可持续发展的必然选择，是推动数字技术与乡村产业融合及夯实产业基础的重要方式。鉴于此，在推动经济高质量发展过程中，应抓住我国农业数字化转型工作中存在的牛鼻子问题，通过借鉴国外农业数字化转型模式及经验，为全面实施乡村振兴战略、建设社会主义现代化强国打下坚实基础。

第一节　国外农业数字化转型模式及对我国的启示

一、美国农业数字化转型模式及对我国的启示

（一）美国农业数字化转型模式概述

1. 美国的农业信息化建设

从 20 世纪 50 年代开始，电子计算机在美国开始普及，开始在农场管理、农业资源合理使用、农业投资决策等方面使用，随着技术的发展，电子计算机技术也应用于农作物生长监测、农业设施自动化管理、病虫害预报防治、农业资源保护利用开发、农业市场信息等方面，并且初步建立了相应的数据库，现代信息技术融合于农业生产经营、农业管理、农业技术推广和农业科学研究中。为了进一步提高农业整体效率、农业资源利用率和农业技术推广效率，大力发展精准农业开始被重视，美国开始集成现代先进信息技术到农业产前、产中、产后的整个环节，全球定位系统、农田地理信息系统、农田遥感监测系统、智能化农业机械（机具）系统、环境监测系统、网络化管理系统和培训系统等技术系统被广泛应用于

农业。美国政府从构建覆盖全国的农业信息网络和农业信息服务体系出发，采用政府投入与市场运营相结合的方式，重点对农业信息技术应用、农业信息资源开发利用和信息网络建设等方面全面推进农业信息化建设。

2. 规模化智慧经营管理模式

美国地域广阔，是世界上耕地面积最大的国家。美国采取的是规模化技术型农场生产经营管理模式，一方面是由于美国家庭农场规模较大，据美国农业普查结果显示美国约有204万个，平均规模约为1.78平方千米，单靠农场主和其雇佣的农民难以承担巨大的工作量，引入人工智能等现代化设备势在必行。另一方面由于人力资源的供给价格相对较高，选择用机械设备要素代替人力要素是明智之选，因此农场主购置的农业设备逐渐趋向于科技化、智能化，美国也逐步形成大规模经营、智能化农业模式，相关科技研发变得更加具体化与立体化。大量高科技的投入使得农业生产智慧化、精细化，将农业操作程序输入电脑系统生成指令，计算机通过指令实现农业培育操作。以拖拉机为例，在播种前，拖拉机的车载电脑与外接平台进行远程连接，操作者在驾驶舱里只需要进行观察并全程追踪，并不真正参与实际播种与收获环节，只需要在作业发生机械故障时进行及时排障。在种植理念上秉持精细化思想，将每一块土地划分成多个单元，然后每个单元依据土壤特性、灌溉条件等特殊性划分制定出更精细的耕作方案，合理分配各项农业资源，将农业投入用量减至最低，致力于后期产量最大化、效益最优化。

（二）美国数字农业模式对我国数字农业建设的启示

1. 政府政策方面的启示

政府积极制定相关政策法规来推动现代数字农业的发展，如农业金融信贷、农业保险、农产品价格等相关规定，并制定农业教育、农业推广等行动纲领，不断完善市场调节作用，减轻农民负担，保护农民的合法权益，保障农业有利发展。资本投入逐渐由直接补贴转为间接补贴，如低息农业贷款、农业保险补贴等，减小对农业直接高额财政补贴的依赖性，持续弱化政府在农业整个环节上的管控，逐渐形成以市场运营为主导，以政府财政支持为支撑的农业发展战略思维。

2. 技术应用方面的启示

一方面是在智慧农机技术基础上，农业智能化装备日益成熟，实现智能作业、智能收割等操作，提高农机的工作效率，助力形成规模化发展的农业生产体系。

另一方面是除机械化水平较高外，信息化科技普遍应用在农业生产各个环节，能够实现农产品生命全周期和流程的信息共享和智能决策。通过物联网、农业遥感技术等实时监测空气温度、湿度等农作物外界环境和上传作物自身生长图像，农场主借助远端的电脑平台可进行实时监控，精准把握作物自身生长条件及外界自然环境需求。

3. 人才培养方面的启示

农民成了一种新型职业，职业要求农民能够掌握智能化、现代化的应用操作、管理技能以及具备销售知识，成为现代农业所需要的实用型人才。一直以来，美国不仅仅通过立法支持还提供充足的专项经费，加强对涉农人力资源的支持力度，秉承"科研+教育+推广"的体系，注重对涉农学校以及成年农户的教育与培训，拟定教学计划积极提高农民自身信息化意识和经营管理的综合能力。

4. 信息服务方面的启示

信息化技术不仅仅渗透到种植环节，在前期信息资料获取环节也能够充分获取各项数据资料进行大数据分析，产生第一手涉农资讯。例如，通过农业信息系统，农民能够及时获得市场信息，为后期的生产方案以及销售策略制定提供针对性参考。政府也积极引领现代化信息服务传播体系，整合国家统计局、市场服务局、经济研究所等多层次的相关涉农管理研究单位，建立科学、齐全的农业信息分析平台，及时分析处理数据并发布有关涉农资讯供农户参考。

二、德国农业数字化转型模式及对我国的启示

（一）德国农业数字化转型模式概述

德国受自然条件影响，本土相对温度和湿度都较高，适宜农作物生长，本国从事农业生产的劳动人口约占总劳动人口的2%，平均每个农民养活约150个人。德国采取的是自动化智能生产管理模式，积极采用"以工哺农"的方式引导农业信息化和机械化发展，实现工业与农业深度融合，大力提高土地生产效率以及降低人力使用平均成本。

德国农业机械化的应用范围广泛，德国农业发展的重要特征就是农牧结合，农作物的生产管理、牧场饲料的收割、堆垛和包装等诸多环节都采用了大量机械。德国在世界上最早建立起农业合作社组织，"莱福艾森合作社"就是最早的合作社雏形，最初的合作社只是将农场、农民等主体联合起来进行收购、加工和销售服务，但工业化、信息化迅速发展的背景下农业合作社逐步从最初的收购、加

工和销售发展到全产业链各环节的服务，如机械技术、种子研发、包装加工工艺以及产品市场前景规划等方面的组织运营。德国出台一系列税收、法律、财政政策支持农业合作社的发展，如今农业合作社已经成为德国主要农业组织，约有 80% 的农民都加入了合作社，其专业化、组织化、市场化程度都非常高，合作社之间进行跨地区乃至跨国联合发展更推动了德国农业经济结构和技术管理的发展。

（二）德国数字农业模式对我国数字农业建设的启示

1.政府政策方面的启示

一方面德国制定形成了完整的信息技术应用体系，不断提高现代信息技术的发展水平，向农民提供生产资料供应、加工、运输、销售以及配套的农业保险、农业信贷服务，如通过期货市场的套期保值功能，可以降低价格波动带来的风险，通过农业保险市场可以降低自然灾害、病虫害带来的风险。

另一方面德国政府投入大量资金用于科技研发和科技成果转化，如模拟技术、计算机决策技术以及农业辅助的资讯工具等，依托于数字农业的基本理念多方位地改善传统农业经营方式。

2.技术应用方面的启示

德国农业对劳动力的需求较小，主要依赖于机械化和信息化生产。德国已经在全国范围内建成全球定位系统、地理信息系统和遥感系统，主要用来及时获取农业生产情况和灾害监测预警等信息。

另外，由政府主导、大型企业牵头积极向农民推广运用大数据、云计算等技术，经云端数据处理、计算机决策后提供资讯，方便农业机械精准作业。例如，德国软件供应商思爱普公司推出数字农业方案，在计算机上可实时显示土壤水分、作物光照、肥料用量等多种生产信息，农户可据此信息优化生产方式。

3.人才培养方面的启示

德国农业生产高效率的原因之一就是拥有在职业教育下培养出的现代职业农民，即在初级农业培训的基础上进行了深层次继续培训教育的农民。德国职业教育由本国农业联合会专门负责，这样由社会组织进行培训的方式一方面农业联合会能够参与到政府农业政策的制定进程中，及时了解农业最新政策信息。另一方面农业联合会能够与农企展开密切合作，帮助生产者和企业进行更好的作业与交流，培育专业化实用型农人。

4. 信息服务方面的启示

拥有以政府为主导的网状农产品信息服务体系，及时发布农业市场信息、农业生产咨询等各类涉农信息，并对价格变动做出预判和建议。例如，以德国农业信息网为代表的各级官方涉农网站和各类综合性的民间农资公司、农业合作组织等，都在积极实现农业市场信息的网络化传播，让农业全产业链的利益相关者都能及时了解并做出决策。

三、日本农业数字化转型模式及对我国的启示

（一）日本农业数字化转型模式概述

1. 日本的农业信息化建设

日本在人均耕地资源有限的情况下，高度重视农业信息化建设，早在20世纪90年代初就建立了在线农业技术信息服务网络（DRESS），并且在每个县都设置了DRESS分中心，DRESS分中心负责收集、整理、发布相关农业信息。对于投资规模大、技术要求高的信息通信设施、网络建设等基础性设施工程，全部由政府进行投资兴建。日本政府积极鼓励广大农户、农业生产经营者购买电子计算机，并将电子计算机划入农业投入补助范围。日本农业信息化服务体系与农技推广体系相适应，建立了政府和农协相互协调配合的包括农产品生产、销售、行情、价格、物资等信息的信息化服务系统，此外，日本重点发展了多种农产品电子商务系统，包括农产品综合网上交易市场、专业网上商店等。

2. 集约化精耕细作管理模式

日本作为一个岛国，人均耕地面积较少，但也是较早实现农业现代化的国家，不同于美国的大规模机械化耕作、德国的自动化智能管理，日本农业采取的是小规模化、集约化的精耕细作，以补齐在资源上的短板。日本数字农业发展主要依托物联网、云计算以及农业机械等技术在农业实际中的应用，要能适应水田、旱田、畜牧等各领域需求，能够适用育苗、耕地、病虫害防治、收获等过程。日本农民的耕作管理方式处处体现出精细化思想、标准化种养及管理思路，对施肥使用、病虫害防治甚至对修剪等都十分讲究，例如，会将果树的枝条绑在钢丝网上，令其平行扩散延伸；会加上覆盖网，防止虫害侵袭等。

日本是最早发起"一村一品"活动的国家，是农村开发的典范，能够立足于本地资源优势，避免同质化竞争，发展本地特色产业和产品，形成相对优势，如

兵库县神户牛、青森县富士苹果、大分县雪子寿司等。日本作为精致农业的代表，也高度重视农业与旅游业的融合发展，将农业各环节与旅游产业实现链接，打造"优质农产品输出＋体验式旅游观光＋智慧型运营管理"模式。例如，富士山所在的山梨县是日本重要的水果生产区，也是比较有代表性的旅游胜地，这里大多葡萄园都是种植、观光两用园，以农业资源与旅游资源结合的方式吸引消费者。

（二）日本数字农业模式对我国数字农业建设的启示

1.政府政策方面的启示

日本政府一直对农业实行高度保护的政策，非常支持数字农业整体建设，划拨相关财政预算进行数字农业的服务系统建设，对农业贷款、农业保险、农民收入等各方面给予了大量的价格补贴和税收优惠。政府还重点培育农产品市场的发展，强化农产品市场的管理和服务，成立咨询委员会提供专业化咨询服务，确保市场规范、有序、高效运行。

此外，日本政府还颁布《农协法》保障集经济职能和社会职能于一体的日本农协作为一个正式机构存在，保障其为农户提供从种植到终端销售各环节的服务。

2.技术应用方面的启示

日本高度重视农业科技的发展，不断加强农业信息基础设施的建设，坚持以科技武装农业，早在2004年，农业物联网就被纳入政府计划。在农业生产智能化管理方面，构建智慧系统、专家决策系统，利用智能手机追溯农产品、传感器收集气象资料、研发自动化控温控湿设备等。利用生物技术积极创建现代大型智能温室，使用以计算机方式布置的照明灯、温度控制器等调节温室内各因素，控制作物生长。

此外，依据自身农业资源结构和实际发展情况，研发设计适合本国农业的小型机械，实现育苗、插秧等全过程的机械化，不断提高土地产出率。

3.人才培养方面的启示

日本对于农业人才的培养尤为重视，政府全力打造一个完整的农业人才培训体系，尤其是针对大量的兼业农户，为其争取受农业相关教育的机会，以此提升日本农民的整体素质。不仅仅依赖官方农业研究机构、农业院校培养农业人才，还充分发挥农业科技公司等非官方机构的力量进行多层次培养。政府方面也加大对农业经营环境和建设农业用地的财政扶持，扩大农业生产的主力军，确保农业人手充足。

4. 信息服务方面的启示

日本建立了国家农业科技信息服务网络，主要以人工智能农业资讯为中心，实时收集、存储、处理各类农业信息，包含农业技术、病虫害情况、市场信息、天气预报等，同时进行实时预测，实现信息资源共享和经验参考。日本农协在信息服务过程中也发挥了重要作用，90% 以上的农户都加入了农协组织，覆盖面较广，成为日本规模最大的农业合作组织，提供技术和经营指导，提供市场价格信息，提供农产品品牌宣传和销售等多方面服务。

第二节　我国农业数字化转型策略研究

一、我国农业数字化转型的影响因素及优化前提

（一）我国农业数字化转型的影响因素

农业生产数字化转型既包含农、林、牧、副、渔等在内的全面数字化转型，也包括生产、管理、流通、交换、再生产等方面的数字化转型。影响我国农业生产数字化发展的因素较多，既包括由经济发展水平、行业政策、技术研发能力等形成的系统性宏观因素，也包括由劳动力、资本、技术、数据等要素组成的微观因素。这些因素对我国农业生产数字化转型实践既有正向激励作用，也有负面阻碍影响，因此对这些因素要具体问题具体分析。

1. 宏观因素

农业生产数字化转型的宏观因素对农业生产数字化转型发展具有主导作用，通常这些因素由该地区的经济发展水平、城市化程度、社会整体生产效率水平、基础技术研发能力等组成，属于一种难以规避其影响的系统性因素。简单来说，我国的经济发展水平、开放程度越高，其城市化进程就越快，农业生产数字化水平就越高。

2. 微观因素

农业生产数字化转型的微观因素对农业生产数字化转型发展具有促进作用，

通常这些因素由该地区的土地、劳动力、资本、技术、数据等要素组成，属于一种较为可控的阶段性因素，如果这些因素市场失灵，会间接导致农业生产要素利用效率降低等。因此，要重视微观因素对中国农业生产数字化转型发展的影响。

微观因素影响主要体现在五个方面：第一，技术赋能方面，农业生产数字化技术水平的高低直接影响着农业生产效率的大小；第二，劳动力质量方面，劳动力数字化综合素养的高低对农业生产数字化转型效率有直接影响；第三，土地要素方面，土地的利用率、经营规模等对农业生产数字化转型速度有重要影响；第四，资本要素方面，财政及社会资金在农业生产领域中的深化是提升农业生产数字化转型速度的重要力量；第五，服务体系建设方面，农业生产数字化转型的社会化服务体系的建立将有助于农业生产数字化转型稳定发展。

（二）我国农业数字化转型的优化前提

第一，实施乡村振兴战略，以数字要素赋能农业农村现代化。以实现乡村振兴为行动指南，按照"产业兴旺、生态宜居、乡风文明、治理有效、生活富裕"的总要求，加速数字技术与乡村振兴的深度融合，坚持以科技创新支撑引领"三农"建设，让乡村振兴与数字农业建设之间形成良性互动。

第二，贯彻落实数字农业农村建设的总体规划，缩小城乡"数字鸿沟"。按照"产业数字化、数字产业化"的发展主线，积极布局数字农业农村实战"路线图"，以数字化引领农业农村现代化发展，构建生产智能化、经营网络化、管理数据化、服务便捷化的农业数字经济新业态。

第三，坚持以马克思主义、中国特色社会主义农业现代化理论为指导，汲取产业链理论、诱导创新理论有益成分，积极探索具有中国特色的现代农业发展之路。

第四，坚持科教兴农的战略方针，促进传统农业生产方式转型升级。加强农业科技成果转化与推广，充分发挥农业科技的驱动力量，实现农业的高品质、高附加值、低成本；注重农业教育，提高农村劳动者素质，培育懂技术、会管理、善经营的新型职业农民。

第五，坚持可持续发展理念，有效利用农业资源。坚持经济效益、社会效益和生态效益的有机统一，严格遵守环境保护法和质量技术标准，合理使用农业资源，突出质量安全建设，维护耕地质量，优化自然环境。

二、我国农业数字化转型的推进建议

农业生产数字化转型发展需要具备一个由涉农主体、数字化硬件及数字化软件所共同构筑的，集智能化生产、网络化经营、数字化管理、在线化服务等为一体的闭环。通过闭环的不断更新与升级，逐步将传统农业靠天靠地的落后生产模式转变为可感知、可控制、可预测的智能化生产模式。

但是从农业生产数字化转型的整体发展来看，我国农业生产数字化转型仍然面临着涉农主体数字化综合素养不高、农业生产数字化技术创新与转化能力不足等问题，需要涉农主体着力找差距、补短板，从而切实有效推动农业生产朝数字化、智能化的方向迈进。

（一）推进思路

面对农业生产数字化转型发展机遇与约束并存的局面，加快对国家现代农业产业园、国有农垦、合作社、家庭农场等的数字化改造，以及对涉农主体数字化综合素养的提高，是当前中国农业生产数字化转型发展的基本思路与重要着力点。因此，在推进农业生产数字化转型实践工作过程中，既需要权衡农业生产数字化转型不同发展阶段所带来的利弊关系，又需要在"小规模经营＋老龄化＋大范围兼业"共同挤压下确定农业生产数字化转型实践可行的发展路径，注重农业生产方式转型政策的创新，不断强化政务管理机构的引导作用，推动数字化技术解决方案在农业生产领域中的应用，构建符合中国农业经营特征、发展需求的农业生产数字化转型体系。

1. 加速完善农业生产数字化转型的政策设计

国家及各地区制定的促进农业生产数字化转型政策文件呈现着以下几个共性趋势：第一，创新驱动成为农业生产数字化转型发展的优先选择；第二，项目制转移支付成为农业生产数字化转型发展的支撑力量；第三，深化农业生产数字化技术应用成为促进农业生产数字化转型的主要手段；第四，提升涉农主体数字化综合素养，成为当前加快农业生产数字化转型的重要工作方向。

因此，要想强化我国农业生产数字化转型政策的顶层设计，首先应该全面落实《数字农业农村发展规划》提出的具体要求，加速推进各地农业生产数字化转型，强化推进农业生产数字化转型政策落地实施，避免农业生产数字化转型政策空转和软化。其次应该充分借鉴第三产业和第二产业数字化转型的成熟经验，前瞻性地制定相应的政策法规，将农业生产数字化转型过程中可能会出现的风险扼杀在萌发阶段，确保风险化解有法可依和有制度可循。

2. 建立推进农业生产数字化转型的管理机构

从我国的农业技术扩散体系角度来看，推进农业生产数字化转型工作的管理机构的建立，是推进农业生产数字化转型工作开展的起始环节。通过自上而下建立从国家、省市、县乡等领导层到村委、合作社、农企等执行层的农业生产数字化转型管理工作的组织架构，明确推进农业生产数字化转型工作各个层面的职责，有助于强化各级人员的责任与意识，以实现农业生产数字化转型战略的有效执行和充分协同。可将推进农业生产数字化转型工作的管理机构分为决策层、管理层、执行层以及监督层。决策层，主要负责农业生产数字化转型工作的整体目标及发展规划等的制定；管理层，主要负责农业生产数字化转型工作的重点方向和环节等；执行层，主要负责将决策层与管理层制定的农业生产数字化转型发展战略、具体要求等在不同的工作流程中进行落地；监督层，主要负责对管理层、执行层在农业生产数字化转型过程中的工作实施情况进行审核监督，并及时将发现的问题反馈给决策层。

3. 加快构建农业生产数字化转型治理体系

坚持以创新驱动战略为农业生产方式改革主线，紧紧围绕农业生产数字化转型重点方向，加快数字化转型发展步伐。必须做到以下几点。第一，消除农业再生产环节衔接障碍，完善农业相关数据利用闭环。农业生产数字化转型需要整体性、系统性的发展方案，任何一个环节的缺失都无法促成农业生产数字化转型。任何一个节点存在衔接问题，都将导致整个闭环的数据感知、采集、传输和处理难以有效实现，使整个系统出现隔断、停滞运行状态。第二，着力提升农业生产数字化基础设施供给能力。既要增加农业生产数字化基础设施供给总量，又要提升农业生产数字化基础设施供给质量，以新基建为协同建设机遇，夯实农业生产数字化转型根基。第三，提升农业生产数据要素价值量。通过构建不同行业数据共享机制，推动农业生产数据在不同领域的应用，实现农业生产数据与其他行业的数据异构融合，推动农业生产数据要素的深度应用，提升农业生产数据要素价值。第四，构建农业生产数字化转型治理体系。始终坚持协同治理农业生产数字化转型过程，以利益衔接为激励手段，充分调动涉农主体参与农业生产数字化转型治理的积极性。

4. 差异化探索农业生产数字化转型路径

当前及以后很长一段时间，我国仍然要面临着大国小农的基本农情，因此，农业生产数字化转型的推进需要与我国的基本农情紧密结合。在党中央的统筹部署下，我国各个地区积极探索符合自身禀赋优势的农业生产数字化转型发展路径。例如，江苏省通过颁布《关于高质量推进数字乡村建设的实施意见》，计划从农业生产数字化技术的标准、关键技术与设备等方面，全面提高农业生产数字化水平。各地政府一方面基于自身的禀赋优势与实际情况，利用行政手段充分完善农业生产数字化转型相关服务，另一方面，利用政府的信誉与权威，积极引导涉农主体投入农业生产数字化转型工作中去，逐步形成了具有差异化特征的地方农业生产数字化转型推进机制。

（二）推进原则

1. 统筹规划与逐步实施相结合原则

在农业生产过程中，涉农主体对农业生产数字化技术应用需求会随社会经济的发展和产业结构的调整而发生变化，所以，我国在深入实施创新驱动发展战略的过程中，既需要从资源体系、生产经营、管理服务、治理策略等多维度对农业生产数字化转型进行全方面规划，明确农业生产数字化转型的具体目标及重点工作任务，也要根据农业生产需求的迫切性、发展性及变化，逐步地对相应业务实施建设，以保证农业生产数字化的建设与具体业务需求相适应。

2. 科研创新与实际生产相结合原则

农业数字化转型，尤其是农业生产层面的数字化转型应围绕生产价值链展开，即将农业生产数字化技术研发人员与实际农业生产者形成合力，把农业数字化技术与农业生产管理经验相结合，让技术在农业具体业务中得到应用。可通过架构农业生产体系、构建农业生产业务场景、解构农业生产业务模块、协同各农业生产业务单元，运用新一代数字化技术，打造农业生产数字化综合管理平台，将科研创新过程协同到农业实际生产过程中，提高技术赋能效率。

3. 因地制宜与分类推进相结合原则

"大国小农"仍是我国的基本农情，因此，在推进农业生产数字化转型过程中，需要在数字化基础设施、信息化服务等农业生产数字化转型发展的重点环节建设上，兼顾中国广大农村地区资源禀赋优势的差异化与实际情况，因地制宜，分类指导与推进。

（三）推进方法

1. 构建符合地方特征的数字化转型技能体系

紧密结合"大国小农"基本农情，构建符合中国农业生产数字化转型实践特征的技能培育体系。根据农业生产数字化转型实现方式的多样性，探索适用于小型农业生产主体的农业生产数字化转型实现模式。具体建议有以下几点。第一，加快构建覆盖全部小农的数字化技能培育体系。可根据区域范围内农村地区的经济水平、教育程度等特征，进行数字技能评估，开展分层次、差异化的数字技能培育活动。第二，创新产学研交流机制，积极引导专业技术人员真正参与农业生产数字化建设活动，鼓励具有丰富农业生产经验的劳动人员参与技术研发，通过多种形式的交流，整合双方优势，努力将数字技术镶嵌到农业生产全过程中去。同时也可鼓励科研院所退休教授或储备干部深入农村基层，帮扶农村困难农户进行农业生产数字化建设。第三，拓宽数字技能职业教育路径，探索多种非学历教育数字技能普及方式。可通过"专家＋农业技术推广组织＋农户＋基地""专家＋企业＋农户＋基地""专家＋中介组织＋农户＋基地"等多种模式，对农业生产主体进行农业生产数字化技术知识培训，提高农业生产主体农业数字化素养，逐步引导农户投入农业数字化建设中去。同时建立健全农业数字经济收益分配制度，充分调动参与者的积极性和主动性，为农业生产数字化转型注入活力。

2. 发挥政务部门在数字化转型中的引导作用

在我国，农业生产产生的社会效益始终要远大于其产生的经济效益，因此在具有公益性的农业投资活动中，需要政府作为主导力量，统筹农业生产数字化转型建设部署、协调各方力量共同推进农业生产数字化转型工作有效推进。具体建议如下：第一，加大农业生产数字化转型实践的财政转移支付资金投入，以经济水平、文化素养、区域条件等因素为衡量指标，差异化地进行农业生产数字化转型项目投入；第二，规范与引导与农业生产数字化转型有关的投资、信贷、税收等政策法规体系，发挥农业企业的带动作用，减轻小型农业生产主体进行农业生产数字化转型实践的资金压力，鼓励二、三产业开展农业数字化转型服务业务，提高三产业衔接深度。

3. 科学建设农业生产数字化转型示范区

创建农业生产数字化示范园区的最终目的应当是改变地方农业生产方式、提高地方农业生产效率以及展现地方区域农业特色，因此，在农业生产数字化转型示范区建设过程中，需要根据周边地区的资源条件、生态环境、区位优势、发展规划，确定农业生产数字化示范园区的建设模式、主导产业和发展方向，以强化数字化转型区示范带动功能的发挥。具体建议如下：第一，加大基层政务部门在数字经济、数字技术、数字化产品、农业生产数字化转型等方面知识的培训力度，辅助政策制定、决策与执行部门全面了解农业生产数字化转型含义，以平衡农业生产数字化转型项目投资结构；第二，合理分配项目建设资金，充分考虑农业生产数字化转型项目在前期投入、过程折旧、后期维护方面的差异性，实施与农业生产数字化转型更加匹配的项目资金管理机制。

4.构建多层次的数字化项目风险保障机制

降低农业生产数字化转型实践项目风险，提高数字化技术使用率，是引导部分不想用、不敢用的小型农业生产主体采用农业生产数字化技术的有效措施，具体方法如下。第一，根据涉农主体对农业生产数字化建设需求和支付能力实行差异化农业生产数字化保费补贴制度，提高涉农主体实施农业生产数字化创新创业项目的综合能力。针对不同地区、不同业务需求的涉农主体，积极开发出符合其要求的新型农业生产数字化保险产品，提高保险理赔效率。也可制定农业生产数字化创新创业项目失败风险补偿政策，建立多方共同承担风险的长效合作机制。第二，深化通用性农业生产数字化技术在农业生产领域中的创新与应用，将一些作物栽培、病虫害防治、植物生长模型等技术下沉到实际农业生产过程中去，将其列为重点应用场景，推动前沿技术在农业生产方面的融合与创新。

三、我国农业数字化转型的优化路径及保障措施

（一）完善数字农业基础设施

推动农村千兆网、5G网络、物联网规划建设，落实三大运营商网络"提速降费"政策，打通农户与信息技术之间的"最后一公里"，进一步提升农村宽带网络水平，实现网络全覆盖；在网络基础设施建设上采取因需推进和差异化建设措施，确保网络设施覆盖到位；加强电子商务平台的建设，推进农业电子商务开展，扩大农产品销售规模，为数字农业的全面发展与普及保驾护航；注重资源整合，构建数字农业发展体系，加快基础设施数字化建设，并在此基础上建立农业物联网平台，为数字农业发展提供深入的数据分析；加强对种植业信息化基础设施的建设，推动智能控制技术与装备在农田种植和设施园艺上的广泛应用，提升对农业信息化基础设施的重视程度，夯实数字农业发展的基础，促进传统农业向新型数字化过渡；发展智慧"车间农业"，推进种植业生产经营智能管理；推动农田水利建设，强化多功能的水利项目，促进信息化灌溉；加大数字化农业机械相关项目资金整合力度，提高补贴标准，加强农民对农业机械的了解和熟悉，鼓励农民积极使用数字化农机，实现科学、精准、智能的互联网信息化控制管理，推动农业可持续发展。

（二）发挥政府主导作用，加大数字农业投入

1.加强数字农业发展模式总体规划

数字农业发展模式总体规划对于我国农业数字化转型的优化非常重要，以山东省为例，山东省数字农业典型的发展模式主要包括寿光模式、淄博盒马模式、智慧车间模式、可视化示范基地模式四类，并且各具特点和优势。但山东省各地存在自然资源禀赋等条件差异，必须要对整体进行统筹规划设计，结合实际情况借鉴不同的数字农业发展模式，构建现代农业产业体系，充分考虑本地农业发展目标定位、产业选择、区域布局、技术手段、市场需求等多种因素，明确国家级、山东省市区级农业体系的协作分工，共同促进农业科技研发与成果转化。对于山东省各级相关农业部门，要充分发挥自身的组织领导作用，积极探索数字农业融合新模式、新平台、新生态，在政策制定与项目实施中对各项工作进行合理统筹规划，制定发展数字农业的可行性方案，落实各项新政策、新要求。如山东省各地区、部门在积极探索数字农业建设过程中要打破碎片化状态，减少多部门信息系统分散建设导致的重复投入问题，协同搭建山东省涉农数据标准体系，实现信息资源互联互通、交换共享，形成以政府为主导、以农民为主体，企业参与、社会支持的数字农业发展格局。

2.完善信息数据资源共享机制

（1）树立以用户需求为核心的服务理念

在大数据时代，要实现信息数据的共享，必须突破部门之间的信息壁垒。政府各部门要强化思想政治建设，树立"以人为本"的服务观念推进数字建设，实现信息公开和数据共享，打造服务型、创新型政府。

（2）多举措完善数据资源共享机制

针对目前存在的数据共享机制不完善、数据主体责任不明确、数据共享不畅等问题，可以通过完善相关政策法规，使信息公开和数据共享有法可依。同时，可以保证数据共享的安全性和用户的个人隐私，并对数据资源的共享、公开和使用进行规范。还可以引进专业的数据资料管理人员，培养资料收集与数据整合的综合型人才，为政府部门降低不必要的资源浪费及成本支出。因此，为了提高政府数据的利用效率，需要建立一套完备的信息资源共享机制，以促进数据资源公共管理的发展。

（3）加强内外监督，保障数据共享安全

在全市信息资源共享过程中，要加强对数据安全性的保障，严格做好保护涉

密数据的工作，特别是对于平台建设需要公开数据的情况，要坚持区别公开，实现数据公开与隐私保护相结合。一是要强化政府的内部管理，要制定相应的管理措施，如设立保密岗位、强化保密管理、防止数据资料外泄；二是要强化对平台的外部监管，从技术层面上提升平台的安全性，以保证数据安全。

3. 积极宣传引导数字农业发展

积极宣传数字农业在提高农业效益、节约资源、降低生产经营成本、增加生产经营收入等方面取得的成就和成效，促进农业主体积极学习和应用，形成数字农业健康有序发展的良好氛围；引导农业生产活动与信息技术融合，推动数字农业发展，进一步加强农业领域机械设备的全面信息化改造，同时采取措施积极推广作物生产环境和生长状况自动监测、自动控制等系统和平台，并强化其使用保障，在数字农业发展条件较成熟的地方，可以建设数字农业示范区，提升农业生产数字化、精准化水平；利用多渠道协同作业，共同宣传典型示范，打造具有地方特色的数字农业生产示范应用样板试验区，积极开展数字农业现场对接活动，组织数字农业互联网平台应用的观摩活动，对数字农业的技术产品进行现场演示，让农业从业人员充分认识到数字农业的应用效果及优势，发挥其带动作用。

（三）重视数字农业科学技术研发与推广

1. 加强农业大数据建设

农业大数据类型复杂多样、来源主体多，涉及"三农"方方面面的信息，应加快现有数据资源的整合，探索建立农业生产环境监测系统、农业生产资料监测系统、农产品流通管理系统、农产品质量安全与追溯管理系统、农业灾害预警与应急管理系统等能够覆盖全产业链数据的采集与管理体系，打造农业信息资源"一张图"服务与应用，实现各类信息的数据资源共享交换、数据集成融合与分析决策应用，有效地引领数字农业、数字乡村建设。

参照农业农村部发布的原则方法进行条块结合，构建农业大数据采集、分析、应用循环体系，建设重点农产品全产业链"条数据"，以生产基地和园区为单元建设"块数据"。

全面开发与利用农业大数据，一方面是加快大数据的采集。建立农业数据分析交换管理中心，规范大数据采集，明确信息采集责任，利用智能传感器等先进设备改进信息监测手段和方式，广泛收集相关数据，构建基础数据资源库；制定统一的数据资源标准，围绕基础数据、数据处理、数据质量等建立标准体系，完善大数据开放、融合与共享制度。

另一方面是推动大数据的应用。利用大数据技术优化农业生产经营方式，实现数字化管理、精准生产以及市场供需有效对接。探索农业大数据多领域应用场景，如与智能农业、农村电商相结合，创新丰富多样的农业信息服务产品；根据各区域的特点，积极扶持引导农业大数据示范县建设，同时加强大数据研究和应用人才队伍建设，充分调动社会各方力量积极参与到大数据的建设与运营中。

2. 大力发展溯源应用与电子商务

溯源应用是数字农业发展的关键，在数字可视化技术基础上建立农产品安全追溯体系有助于消费者进行相关信息环节追溯，增加农产品信任度，满足消费需求，实现农产品的增值。省级政府应以创建农产品质量安全为主线，积极引导安全溯源体系的建设与完善，形成"标准化生产、安全性追溯、网格化监管"的溯源体系。鼓励生产者对自身产品进行商标注册，形成品牌意识，构建对产地的保护机制；鼓励通过区块链技术赋予商品追溯码，可查询农产品基本种植信息、加工信息、物流信息、质检信息等；完善溯源监管模式，推动农产品溯源工作法治化进程；狠抓农药经销、储存安全等重点环节。

电子商务是农业经济增长新动力、新引擎，能够有效减少诸多中间环节，是农业增效、农民增收的重要途径。例如，山东各级政府牵头鼓励各新型农业与非农主体积极与电商平台进行资源整合，电商平台线上进行农产品销售，线下提高物流服务水平、提供优质农产品，实现共同发展。

（四）探索数字农业融合新模式

1. 推进数字农业信息平台建设

要扎实推动建设农业农村大数据中心和平台，并且深入挖掘数据，加强数据分析预测能力建设，广泛收集农业数据，建设农业数据信息库；农业专业人员也应主动到农村农户中去调研，实时更新最新情况；另外要扩展大数据在农业生产中的覆盖面，对农业发展加强引导；建设涵盖种植、养殖和农产品加工等方面的农业产业数据库，加强对农业生产运营管理的数据支撑，为农业农村信息数据挖掘和农村农业服务做好准备，并及时提供农业发展生产相关数据信息，提高数字农业发展质量；支持数字农业产业平台建设，加强信息技术在农业生产经营各环节的使用，推动农业发展的产业化、一体化；支持数字农业业务信息系统建设，引导农业企事业单位积极构建数字农业专业平台，集中力量攻关，加强数字农业产业平台设施建设；加大政策支持，强化"益农信息社"的应用，从而将信息服务提供给农户，提供高效便捷的服务；优化快递物流运输点的整体布局，并完善相关基础配套设施；积极推动"互联网＋农业"的发展，扩充销售渠道，完善物流配送站；深化电商的示范效应，强化特色农产品品牌；重点优化数字农业相关的配套服务，为农业数字化转型做支撑；发挥电子商务进农村综合示范作用，加强大数据、云计算技术在电子商务领域中的应用；依托"互联网＋"工程，大力推广大数据赋能、农田项目监测监管，形成农田"一张图"，全面掌握农田建设及耕地质量状况。

2. 鼓励数字技术在农业领域开展更广泛的应用

要积极探索数字农业融合新业态、新模式，全面提升农业数字化水平，鼓励数字技术在农业领域开展更广泛的应用。例如，可视化示范基地模式应充分发挥共享经济商业模式优势，将可视技术运用到营销中，实现可视和体验共享双重商业模式的叠加，促进基地的利益最大化。还可以挖掘地方人文特色和历史文化，围绕特色农产品，积极开发观光、度假、教育等多功能农业产业示范园区、生态特色小镇等；挖掘电商平台消费数据，深入分析消费习惯特点，进行农产品的深加工，形成定制化的涉农产品体系；产地与电商平台应展开合作，通过云直播、云展示等现代技术，开展直播带货活动，打造电商平台"基地直采模式"，在销售端聚合消费能力。

（五）健全数据资源应用体系，保障数字农业实施

1. 开展农业数据资源体系建设

随着物联网、云计算、大数据、区块链、人工智能等现代信息技术不断迭代更新，数字产业迈入新阶段。数字化农业是今后农业发展的必然趋势，也是实现现代化农业的必然选择。根据目前的信息化管理水平和建设情况，需要提出"一中心三平台"的思路。即着重打造一个核心数据库，完成以农业家庭数据为中心的数字化建设；搭建三个系统平台：一是建立农业资源信息管理系统，将信息资源的多源数据管理转化为集中有效的管理；二是以果业智慧农业示范基地为依托，开发农业数据信息收集与更新平台，并在智慧农业示范基地充分利用农业信息化、大数据等技术，对农业数据进行实时更新，确保数据资源真实可靠且具有时效性；三是依托现有的农业信息网站，对农业信息系统进行开发建设，并在广域网、手机等平台上实现农业信息咨询的推送，促进农业信息化建设。

农业资源信息仅靠各有关部门年度的调查、统计等方式获取，数据分布在各个部门且缺乏统一的标准，不能进行数据的整合，甚至个别部门之间的数据存在误差，在信息化时代，在信息资源的互联互通、有效管理和高效利用等方面存在问题。因此，对农业数据库进行采集与整理，建立公用、权威的农业大数据系统是十分必要的。

2. 建立数字监测体系

数字农业投入品是影响农业产品质量的一个主要因素，它包括种子、化肥、农药、饲料添加剂、其他农业生产资料、农业薄膜、农业机械、农业工程设施和机械。农产品检验制度的建立首先要保证农产品的品质与安全，其次要大力发展农产品的数字化生产，保证农产品的质量与安全。应加强对数字农业投入品的控制，加强对农产品信息的监控与信息管理，以保证农业市场的安全运行。

在农业技术软件的开发和应用中，国家针对不同的国情，采取不同的技术手段，使农业及其附属行业稳定发展。可以利用手机技术，结合自己的农业发展状况，将各级农业投入品信息录入系统，利用定位技术进行监测，对各个农资企业和所销售的农产品进行数据录入，实现对每个农资投入品的销售监控，最终实现对农资投入品的源头和市场的全面监控。在试验过程中，可以从根源上进行改进和强化监控，便于快速发现问题并及时解决，从而保证了数字农业的安全发展。农机化智能云平台可以实现实时监控，用户可以通过网络实时查看园区内的运营状况。同时，园区还可以安装 360° 无死角照相机，使用户能够随时随地跟踪现场的变化，观察作物的生长过程。在园区的管理区可以设置电子大荧幕，对园区各个角落进行实时监控，并对整个种植过程进行实时监控。并且互联网平台能够准确、快速、及时地发现害虫，并对害虫进行实时监测，在园区内的农产品集装箱上使用二维码，使得害虫的防控更加准确。

3. 完善信息数据资源共享机制

（1）树立以用户需求为核心的服务理念

在大数据时代，要实现信息数据的共享，必须突破部门之间的信息壁垒。政府各部门要强化思想政治建设，树立"以人为本"的服务观念推进数字建设，实现信息公开和数据共享，打造服务型、创新型政府。

（2）多举措完善数据资源共享机制

针对我国目前存在的数据共享机制不完善、数据主体责任不明确、数据共享不畅等问题，可以通过完善相关政策法规，使信息公开和数据共享有法可依；同时，可以保证数据共享的安全性和用户的个人隐私，并对数据资源的共享、公开和使用进行规范。还可以引进专业的数据资料管理人员，培养资料收集与数据整合的综合型人才，为政府部门降低资源浪费及成本支出。因此，为了提高政府数据的利用效率，需要建立一套完备的信息资源共享机制，以促进数据资源公共管理的发展。

（3）加强内外监督，保障数据共享安全

在信息资源共享过程中，要加强对数据安全性的保障，严格做好保护涉密数据的工作，特别是对于平台建设需要公开数据的情况，要坚持区别公开，实现数据公开与隐私保护相结合。一是要强化政府的内部管理，要制定相应的管理措施，如设立保密岗位、强化保密管理、防止数据资料外泄；二是要强化对平台的外部监管，从技术层面上提升平台的安全性，以保证数据安全。

（六）培养壮大数字农业人才队伍

人才是数字农业发展的基石，通过优化更新人才培养体系，根据实际需要，培养符合当地实际发展需要的数字农业专业人才，使其具备综合型知识结构和广泛的专业面，积极推动人才培养，从而强化人才支撑体系建设；增加数字农业技术培训课程的规模和数量，加强人才交流和培训；大力推广典型应用案例，充分学习数字农业的发展进程以及最新的数字农业技术，同时推广数字农业知识和数字农业的新规划，保障数字农业稳步发展；规划好乡村人才治理现代化机制与路径，突出多元参与，为乡村治理提供人才支撑和智力保障；加快完善数字农业人才培育体制机制建设，营造乡村治理人才队伍建设的优良环境。

1. 吸引数字农业人才

针对当前数字农业人才短缺的问题，各地要进一步加快对数字农业人才的吸引和培养。

第一，要建立培训基地，培育一线技术人员。各级部门包括科教部门、信息部门等应率先对本级农业农村系统的业务管理、涉农科研院所和农业技术推广相关人员进行数字农业相关知识的培训，对于社会人员，要培养出一批数字农业农村领军人物和一批具有高水平专业素养的管理团队。

第二，加强复合型人才培养。在为数不多的数字农业人才中，农村科技与数字科技的复合型人才更为紧缺，因此要重视农业信息技术复合型人才培养，加快培育一批数字技术人才，把互联网、数字化知识技能纳入培训体系，提高基层工作人员、新型农业经营主体、实用人才的数字化应用能力和知识素养。

第三，各高校以及中专院校可以加强与科研机构的合作，开设相关专业，密切与新型农业主体的合作，鼓励大中专毕业生返乡创业，大力支持科技人员科技下乡，帮助其投身现代农业事业。

第四，加强专业数字人才引进，要建立培养和驻留机制，结合人才引进政策，吸引高层次农业技术人才，充实科研队伍，加强指导交流。

2. 培育新型职业农民

数字农业不仅要有学术型、管理型人才的支持，也需要新型职业农民的参与。

第一，要加强农民职业技能培训、提高农民应用数字技术的能力。针对新型农业经营实体、农村致富带头人、现代农业园区的领头人和科技下乡青年等重点群体，要组织专项数字技术培训，以提高他们在数字农业方面应用技术的能力和管理水平，培育一批有文化、有头脑、懂技术、懂经营的新型农民。

第二，各级政府要把农民教育培训的经费纳入财政预算，完善可持续的财政资金补贴制度，设立专项的培训经费。

第三，通过设立专项基金，重点支持职业农民教育培训示范机构建设，支持新型农业经营者创业，组织开展相关教学实践活动。

第四，开展多样化的培训模式，可以通过集中培训与"一对一"培训相结合、现场培训与远程培训相结合、理论培训与实操培训相结合等多种培训模式，帮助农民全面提升农业素质。

（七）完善金融保障体系，夯实产业升级基础

1. 完善数字农业补贴政策

（1）增设智慧农业装备补贴目录

我国部分省市的农机补助经费虽逐年增长，但与发展数字农业的需要相比还有很大差距。要健全数字农业设备补贴政策，加强对数字农业发展的支持，把农业物联网设备、智能农机等在数字农业领域推广应用，并增加对农业物联网专用气象站、大棚精细化种植应用系统等农业物联网装备以及各种农业机器人费用的补贴。此外，要增加购置补贴，参考以前的农机补贴政策，研究确定不同设备的补贴标准，并根据国家标准"每档次农机产品补贴额按不超过此档产品在本省域近三年的平均销售价格的30%测算"指标，如按照粮食收获机械的等级不同，补贴标准规定为8 200元到26 700元不等。通过加大智能农机补贴，减轻农民的经济负担，实现降低成本、提高效益、促进农业信息化发展的目的，引导农业向数字化方向发展。

（2）拓展新型农业经营主体的补贴范围

要使广大农民满意，加大农机购置补贴力度，不仅要涵盖大型农机具，还要涵盖中小型农机具和适合不同地域的各类机械。关于"摇号确定补助"这一问题，有关部门要有一个清晰的适用范围，不能让一部分农民因投机而得不到补助，从而造成补贴的缺失。在种地保险赔偿费用补贴、自愿让出土地费用补贴、牲畜养殖垃圾处理补贴和有机化肥使用补贴等补贴的基础上，加大对农业物联网设备、智能农机、农产品智能加工设备等新农业经营主体的补助，实行先建后补，支持新型农业经营主体建设和应用农业物联网系统、智慧农机装备等，并为合作社或者企业的设立和经营提供税收优惠以及规划、用地指标等方面的政策扶持。

2. 拓宽农业融资渠道

（1）增加政府财政支出和财政补贴

众所周知，政府的资金投入与财政补助是支撑数字农业发展的重要力量。为此，政府应该加大对数字农业的财政扶持力度，建立健全支付机制以适应市场的需要。在财政方面，政府要对所有的开支进行严格的控制，确保所有资金都能发挥最大效益。同时，政府也要根据各个阶段的发展程度，确定每年的财政投入，适当扶持农业数字化发展。同时政府还可以根据每年的经济情况适当地增加数字农业在智能化、现代化方面的资金支持。除此之外，政府部门在进行支农信贷投放顶层政策设计时，要充分考虑不同社会资本存量与数字农业涉农主体的特点，进行不同"金融支农"政策之间的相互匹配，适应当地的特色经济结构和发展战略。政府对于数字农业资金的支持可以起到示范与引导作用，当政府主动加大对数字农业的支持可以促使更多的社会资本把投资目光转移到数字农业相关领域，在外界资金的支持下可以走出数字农业融资难的窘境。

（2）同社会金融机构增加合作机制

社会金融机构在设计农信贷相关的产品时，应该根据数字农业经营的特点和融资需求的特点，不同产业应该合理安排还款周期和与之相匹配的融资方案，提供差异化、多样化的产品、模式和服务，增加中长期信贷产品，开发专属金融产品支持数字农业经营主体和产业。在发放贷款时应该充分考虑不同社会资本的存量，实行差异化的供给，可以根据不同部门的需求程度以及对未来发展规模的预估制定不同的金融方案，做到"一人一策"，精准投资，不能实施"一刀切"式的放款政策。同时应该在农民合作社内部寻求新的试点，通过探索生产、供销和信用"三位一体"合作模式，尽快破除合作社内部经营主体与融资部门在信贷、担保上的障碍，促进现代化农村金融体系的发展。

在农业生产经营中，银行与金融机构要与农民进行有效的协作，只有通过科学、合理的制度运作，才能使财政得到更好的发展和持续的支持。由于数字农业涉及农业的各个方面，可以针对各个行业所需的资金流量和对未来的融资需求，制定相应的合作计划。在此基础上，还应保持适度的灵活性，使金融机构与农民的合作更具科学性，增强农民与金融机构的合作信心和稳定性。

（3）吸引社会资本和技术投资

在发展数字农业的过程中，要加大政府的宣传和社会资本的投入，把参与数字化农业的企业结合起来，使各企业在资金、技术方面进行合作，服务于农业发展，使网络化、信息化、数字化技术在社会发展中发挥最大效益。通过构建"智慧眼"一体化平台，实现传统产业向现代产业的转变，树立企业的品牌形象，在"数字城市""数字大连"等方面起到了引领和模范作用，最大限度地创造社会利益。

（4）创新合作模式并挖掘潜在商机

随着融资渠道的拓展，数字农业的发展不再局限于单纯的投资与收益，而可以成为一种新的商业机会。利用大数据进行匹配，发掘有发展潜力的农业生产模式，并将资金投入有发展前景的农田，同时，将智能化金融产品推广给农业生产者，既可以解决农业的融资问题，又可以扩大金融机构的市场。

3. 加快数字普惠金融与农业结合

由于农业具有资本需求量小、信用难收集和需求分散等特点，由此导致农业部门很难从传统金融机构获得服务。数字普惠金融在改变城市经济发展模式的同时，也为农业经济的发展带来了契机，正在逐渐成为促进农业经济发展的新金融模式。数字普惠金融是互联网金融和传统金融在数字化背景下经过互相融合、借鉴产生出的新金融模式。

相较于传统金融服务，数字金融服务不仅下沉得更深，覆盖得更广，在数字经济快速发展的背景下，数字普惠金融可以依托信息技术的特点，发挥其空间化优势消除传统金融交易成本高、信息流通不畅的弊端，实现了低成本、高实效的资金匹配，解决了传统金融部门对农业投资的歧视，极大地缓解了农业部门融资难、融资贵的问题，从而推动数字农业发展。同时数字普惠金融的发展还能够使农民享受到全面的金融产品与服务，使农民在有信贷约束的情况下快速简洁地获取资金支持，另外农民也可以通过数据化平台增加农民对于金融信息的可得性，使农民能够及时广泛了解金融政策，提高融资概率进而解决农民在数字农业上融资难的问题。

（八）完善技术创新体系，提升应用数字技术人才的能力

创新是源头，数字化农业必须敢于创新，多维度、多思路、全方位创新才能打破原有的发展瓶颈。例如，虚拟现实技术在当前的应用中仅限于工程实践，无法充分地发挥其实用性和便捷性。而在农业方面，虚拟现实等数字化技术的运用相对较少，在我国 31 个省市中，核心数字农业技术还没有得到全面推广。所以，在当前的数字化农村建设中要充分利用数字化技术，把握数字化农业的发展趋势。

1.优化农业技术研发环境和研发条件

企业和高校是人才培养的重要基地，企业是技术实践的基础，而大学则是理论学习的基地。只有把农业院校与企业结合起来，才能真正促进数字化农业的落地与发展。因此，应通过政府主导，把主要的农业院校和农业企业结合到一起，在学校里进行农业素质教育，各企业则为学生提供实践的舞台。同时还可以在农业院校建设数字化农业试验平台，使学生在实际操作中感受其魅力。农业企业还可以为有能力的学生提供海外学习的机会，使他们能够更好地了解到先进的思想和管理技术，从而进一步加强高校、科研机构和农业企业的合作，为农业的发展服务构建一个资源共享、优势互补的数字化农业人才培养系统。加强与农村基层组织、农民经营主体的合作办学模式，明确农村人力资源的需要，定期与高校对人才需求方面进行沟通。同时，要根据农村的实际，制定适合农村发展的教育培训方案，为农村发展提供后备人才。农村地区可以利用"引进"的渠道，为各大院校、科研院所提供实习训练场所和实践基地。高校和科研院所的优秀人才不仅可以在实习基地中开展相关的科研与教学活动，而且可以提前了解农村数字化农业的发展情况，而农村则可以通过这种方式发现人才，为农村人才的引进打下基础。而在农村，既要有试验基地，也要把新技术引入数字农业的建设中去，这样既能吸引大量的人才，又能引进先进的技术。同时政府对科研机构进行资金扶持，建设市级重点实验室，提高产学研用的协同效应，并加强对科技成果和知识产权的保护，促进数字农业发展再上新台阶。因此，建立健全数字农业技术创新研究机制显得尤为迫切，既要搭建好数字农业创新研究平台，又要把高校、科研院所、高新农业企业等多方资源整合起来，充分发挥科技创新的优势，增强自主研发的核心技术，促进数字农业创新研究成果转化。

2. 培养数字化创新人才

在数字农业深入发展的进程中，社会对人才的需求也发生了新的变化，需要对传统农业发展模式和网络营销方式有一定认识的人才。一方面，可以通过与高校的合作来培养具有数字化素质的复合型数字化人才；另一方面，可以引进国外的数字农业专家，为数字农业的发展提供技术人才支持。随着信息技术和二、三产业的快速发展，仅培养农业人才是一件较为吃力的事情。因此，要更好地培养数字化人才，必须将信息技术嵌入数字化人才培养中。数字农业的发展立足于利用高新技术培养数字化人才，顺应全国数字农业发展趋势，对于专业素质较低的数字化人才，需要对他们进行更基础的农业知识培养，便于他们更好地接受新型农业技术，逐步培养成为高素质的数字化人才。

对具有较高专业素质的数字化人才，要跳过基础知识的灌输，给予他们更具有创新性的农业知识，使他们有学习的动力，对其进行更高层次的培养。研究建立适应市场需求的农业人才管理模式，实行公开、公平、公正的选拔机制，通过公开的竞争与市场的整合，招聘政府和事业单位需要的农业专业技术人员；建立能够充分反映农业人才自身价值的科学、合理的分配制度，将收入分配向具有领军示范作用的农业科研、经营和推广工作的重点岗位倾斜。确保其获得与劳动成果相符的薪酬，并积极探索建立年薪制、股权制、期权制等多种分配方式，打造稳定、优质的数字人才队伍，促进数字农业人才队伍的发展。

参 考 文 献

［1］安森东，常璟．区域性农业信息化建设模式研究［M］.北京：中国社会科学出版社，2012.

［2］陈吉元．关于农业产业化的几点看法［J］.浙江学刊，1996（5）：51-54.

［3］陈诗波．我国农业技术服务体系建设模式与运行机制研究［M］.北京：科学技术文献出版社，2018.

［4］陈熙隆．蓝海战略视域下秦巴山区农业信息化优化的对策研究［M］.成都：西南财经大学出版社，2016.

［5］崇阳．数字化农业生产中存在的问题及对策研究［J］.智慧农业导刊，2021（4）：19-21.

［6］董莹，穆月英．全要素生产率视角下的农业技术进步及其溢出效应研究［M］.北京：中国经济出版社，2019.

［7］杜娟，刘磊．我国农业信息化发展存在的问题及对策［J］.农业与技术，2021，41（1）：49-51.

［8］范纯增．技术、制度与低碳农业发展［M］.上海：上海财经大学出版社，2018.

［9］戈双启．农业机械设备使用与维护［M］.长春：吉林人民出版社，2022.

［10］郭佳琳．金融借贷资金支持现代农业发展研究［M］.重庆：重庆大学出版社，2018.

［11］黄水清，朱艳．农业信息化应用系统开发与实践［M］.北京：中国农业科学技术出版社，2012.

［12］兰晓红．现代农业发展与农业经营体制机制创新［M］.沈阳：辽宁大学出版社，2017.

［13］李道亮．农业4.0：即将来临的智能农业时代［M］.北京：机械工业出版社，2018.

［14］李德艳.农业信息化对提高农业经济效益的必要性及发展对策［J］.农业工程技术，2021，41（15）：57-59.

［15］李敏.农业数字化转型发展研究［J］.信息通信技术与政策，2020（11）：57-61.

［16］李鹏.中国农业发展难题破解［M］.昆明：云南教育出版社，2012.

［17］李雪松.分权、竞争与中国现代农业发展［M］.重庆：重庆大学出版社，2017.

［18］李永前，余佳祥，林郁.云南省高原特色农业发展理论与实务［M］.昆明：云南科技出版社，2019.

［19］李钊.唐代四川农业发展与社会变迁研究［M］.北京：新华出版社，2021.

［20］马磊.区块链＋数字农业：2030未来农业图景［M］.北京：中国科学技术出版社，2020.

［21］牛若峰，夏英.农业产业化经营的组织方式和运行机制［M］.北京：北京大学出版社，2000.

［22］宋东升.区域创意农业发展研究：基于实证分析的路径探索［M］.北京：光明日报出版社，2015.

［23］孙坦，黄永文，鲜国建，等.新一代信息技术驱动下的农业信息化发展思考［J］.农业图书情报学报，2021，33（3）：4-15.

［24］田马爽.农民增收与政策性金融推动——基于龙头企业带动农民增收视角的调查与思考［J］.金融理论与实践，2010（11）：78-80.

［25］王大明.我国西部地区现代农业发展研究［M］.成都：电子科技大学出版社，2012.

［26］王华滔.突出区域特色，推进农业产业化经营［J］.政策，1999（9）：48-49.

［27］吴殿延.论战略规划［J］.农业系统科学与综合研究，1990（4）：1-4.

［28］谢能付，曾庆田，马炳先.智能农业：智能时代的农业生产方式变革［M］.北京：中国铁道出版社，2020.

［29］谢义军.浅析农业信息化在我国现代农业发展中的作用［J］.现代农业研究，2021，27（6）：19-20.

［30］许泉.农业信息化发展存在的问题及优化策略［J］.南方农机，2021，52（6）：10-11.

［31］许学梅 . 农业发展与金融管理研究［M］. 北京：中国纺织出版社，2018.

［32］鄢志颖 . 湛江特色农业产业化发展研究［D］. 湛江：广东海洋大学，2018.

［33］闫慧，孙立立 . 1989 年以来国内外数字鸿沟研究回顾：内涵、表现维度及影响因素综述［J］. 中国图书馆学报，2012，38（5）：82-94.

［34］袁力，黄基秉，董庆佳 . 成都地区新型特色农业产业化经营模式初探［J］. 成都大学学报（社会科学版），2006（5）：16-20.

［35］张文方，冯玉华 . 农业产业化：概念·实质·意义［J］. 南方农村，1996（6）：7-10.

［36］张漾文，苏腾，张晶，等 . 新时期我国农业信息化工作战略目标、关键任务与政策路径［J］. 农业经济，2021（6）：9-11.

［37］张振丽 . 我国农业信息化发展现状及对策［J］. 乡村科技，2021，12（12）：34-35.

［38］张宗芳 . 基于农业信息化的农业经济发展有关思考［J］. 农业工程与装备，2021，48（3）：56-59.

［39］赵宝 . 移动互联网在农业信息化中的应用研究［J］. 南方农机，2021，52（4）：15-16.

［40］周涛，高玉琢，梁锦绣 . 宁夏农业信息化理论与实践［M］. 银川：阳光出版社，2014.

［41］周县华 . 农业保险经营管理［M］. 天津：南开大学出版社，2021.

［42］朱春霞，李奇，张剑中 . 现代农业技术推广与农学研究［M］. 长春：吉林科学技术出版社，2021.

［43］朱岩，田金强，刘宝平，等 . 数字农业：农业现代化发展的必由之路［M］. 北京：知识产权出版社，2020.